Barbara Wahlig

# Suchterkrankung beim Hund

## Erkennen – Verstehen – Handeln

Kynos Verlag

© 2025 KYNOS VERLAG Dr. Dieter Fleig GmbH
Konrad-Zuse-Straße 3 • D-54552 Nerdlen / Daun
Telefon: +49 (0) 6592 957389-0
Kontakt: info@kynos-verlag.de
www.kynos-verlag.de
Gedruckt in Lettland

1. Auflage 2025
ISBN 978-3-95464-345-5

Bildnachweis: Alle Grafiken Nicole Hilgers



Haftungsausschluss

Die Benutzung dieses Buches und die Umsetzung der darin enthaltenen Informationen erfolgt ausdrücklich auf eigenes Risiko. Der Verlag und auch die Autorin können für etwaige Unfälle und Schäden jeder Art, die sich bei der Umsetzung von im Buch beschriebenen Vorgehensweisen ergeben, aus keinem Rechtsgrund eine Haftung übernehmen. Rechts- und Schadenersatzansprüche sind ausgeschlossen. Das Werk inklusive aller Inhalte wurde unter größter Sorgfalt erarbeitet. Dennoch können Druckfehler und Falschinformationen nicht vollständig ausgeschlossen werden. Der Verlag und auch die Autorin übernehmen keine Haftung für die Aktualität, Richtigkeit und Vollständigkeit der Inhalte des Buches, ebenso nicht für Druckfehler. Es kann keine juristische Verantwortung sowie Haftung in irgendeiner Form für fehlerhafte Angaben und daraus entstandene Folgen vom Verlag bzw. Autorin übernommen werden. Für die Inhalte von den in diesem Buch abgedruckten Internetseiten sind ausschließlich die Betreiber der jeweiligen Internetseiten verantwortlich.

# Inhaltsverzeichnis

# Einleitung

Zunehmend wird in Hundefachkreisen Sucht bei Hunden meist in Form der Beschreibung des sogenannten „Bällchenjunkies“ thematisiert. Eine schnelle Suche im Internet bestätigt dies. Zahlreiche Seiten für hundeinteressiertes Klientel beschäftigen sich mit dem „Balljunkie“, Begriffe wie Sucht, Abhängigkeit, Zwang etwa werden dort offenbar eher intuitiv genutzt. Mögliche Symptomatiken und Auswirkungen werden zwar plastisch beschrieben, jedoch nicht befriedigend hergeleitet, mögliche Quellen bleiben unbekannt. Schwierig wird es dort, wo vermeintliche Tests einen süchtigen „Balljunkie“ diagnostizieren sollen oder Handlungsanleitungen für einen Umgang mit dem „Bällchenjunkie“ gegeben werden. Neben dem naheliegenden „kalten Entzug“ werden hier teilweise detaillierte Trainingsanweisungen zum „kontrollierten Konsum“, das ist nun meine eigene Wortwahl, gegeben, die einer seriösen Behandlung einer Suchterkrankung, so wir denn beim Hund von einer Suchterkrankung ausgehen dürfen, widersprechen.

Als ausgebildete Suchttherapeutin mit langjähriger Erfahrung in Diagnose und Behandlung von Suchterkrankungen und als Hundeverhaltensberaterin versuche ich in diesem Buch, Wissen und Erfahrung aus beiden Feldern zu verknüpfen. Tatsächlich haben meine Recherchen keine wissenschaftlichen Studien zum Thema zutage gefördert.

In Ermangelung hundebezogener Arbeiten stellt sich die Frage, was wir aus unserem suchtmedizinischen Wissen für den Umgang mit Hunden lernen können. Vor diesem Hintergrund beschäftigt sich dieses Buch zunächst damit, was Sucht ist und ob es Suchterkrankungen bei Hunden gibt.

Es folgt eine Ausführung über die Entstehung und Aufrechterhaltung von Sucht und ihre Auswirkungen. Im Anschluss werden substanzungebundene Suchtformen sowie suchtähnliche Störungen erläutert und ein Blick auf vergleichbare Störungen bei Hunden und deren Einordnung in der tierischen Verhaltensmedizin geworfen.

Darauf folgt eine Beschreibung von hündischen Ausdruckformen süchtigen Verhaltens. In experimenteller Weise bediene ich mich dabei der Diagnosekriterien des Internationalen Klassifikationssystems der WHO für menschliche psychische Erkrankungen.

Im Anschluss werden relevante Aspekte und deren komplexe Wechselwirkungen zur Suchterkrankung beim Hund ausgeführt.

Abschließend werden aus den gewonnenen Erkenntnissen Ansätze zur praktischen Arbeit mit betroffenen Hunden abgeleitet.

# Sucht

Es existieren unzählige Versuche, das komplexe Phänomen Sucht bezogen auf den Menschen zu definieren. Noch heute findet die Definition von Klaus Wanke in Fachkreisen breite Zustimmung: *„Sucht ist ein unabweisbares Verlangen nach einem bestimmten Erlebniszustand. Diesem Verlangen werden die Kräfte des Verstandes untergeordnet. Es beeinträchtigt die freie Entfaltung der Persönlichkeit und zerstört die sozialen Bindungen und die sozialen Chancen des Individuums. (Deutsche-hauptstelle-gegen-die-suchtgefahren, 1985)*

Im Grundsatzurteil des Bundessozialgerichts vom 18. Juni 1968 wurde Sucht erstmals als Erkrankung im Sinne der gesetzlichen Krankenversicherung anerkannt. Sie und andere Kostenträger, vornehmlich die Rentenversicherungen, übernehmen seither die Kosten für die Behandlung von Abhängigen. Sucht gilt folglich seitdem als behandlungsbedürftige Erkrankung. Beim Menschen werden neben den Behandlungskosten zudem weitere Leistungen, nämlich zur Prävention und Rehabilitation sowie zur Erhaltung, Besserung und Wiederherstellung der Erwerbsfähigkeit und zur „Harm Reduction", also der Vermeidung gesundheitlicher Risiken von Konsument*innen, bereitgestellt. Vor diesem Hintergrund darf darauf geschlossen werden, dass eine Suchterkrankung als individuell erheblich beeinträchtigend und gesellschaftlich oder, bezogen auf eine mögliche gleichartige Erkrankung beim Hund, für das Sozialleben erhebliche negative Auswirkungen hat.

Um behandelt werden zu können, ist für Menschen eine entsprechende Diagnose nach der Definition der Weltgesundheitsorganisation (WHO) beziehungsweise der von dieser herausgegebenen Internationalen Klassifikation Psychischer Störungen ICD 10[1] Kapitel F1x.2 notwendig. Diese reduziert Sucht auf psychische und Verhaltensstörungen durch psychotrope Substanzen[2], also auf die Abhängigkeit von einer oder von mehreren Substanzen.

> Sucht ist das unabweisbare Verlangen nach einem bestimmten Erlebniszustand.

## Substanzabhängigkeit bei Hunden?

Es gilt zunächst zu klären, ob in diesem Sinne auch beim Hund von Sucht gesprochen werden darf beziehungsweise ob ein Hund überhaupt von einer Substanz abhängig werden kann.

Dies ist schnell beantwortet und stützt sich auf zahlreiche Studien, die diesbezüglich Versuche an einer Vielzahl verschiedener Säugetiere vorgenommen haben.

So wurden vielfach bei Mäusen, aber auch bei Primaten und Hunden Substanzabhängigkeiten induziert und dabei eine große Anzahl psychotroper Substanzen eingesetzt. Die Toleranzentwicklung gegenüber und die körperliche Abhängigkeit von Alkohol wurde bei einer Reihe von Tierarten

---

1 Im Januar 2022 trat die nachfolgende Version ICD 11 in Kraft. Der konkrete Zeitpunkt der klinischen Einführung in Deutschland ist jedoch noch offen. Eine Version der ICD 11 ist derzeit noch nicht beziehbar. Aus diesem Grund wird die ICD 10 verwendet.

2 Eine Substanzabhängigkeit nach ICD 10 F1x.2 sollte nur gestellt werden, wenn mindestens drei der folgenden Kriterien während des letzten Jahres vorhanden waren: 1. Ein starker Wunsch oder eine Art Zwang zu konsumieren; 2. Verminderte Kontrollfähigkeit in Bezug auf den Beginn, die Beendigung oder die Menge des Konsums; 3. Ein körperliches Entzugssyndrom bei Beendigung oder Reduktion des Konsums; 4. Nachweis einer Toleranz, im Sinne von erhöhten Dosen, die erforderlich sind, um die ursprünglich durch niedrigere Dosen erreichte Wirkung hervorzurufen; 5. Fortschreitende Vernachlässigung anderer Vergnügungen oder Interessen zugunsten des Konsums sowie ein erhöhter Zeitaufwand, um zu konsumieren oder sich von den Folgen zu erholen; 6. Anhaltender Konsum trotz des Nachweises eindeutig schädlicher Folgen (Dilling, 2013).

eindeutig nachgewiesen, auch bei Hunden (Woods, Winger 1974). Ziel dieser unzähligen Studien, die entsprechend viele Ressourcen verschlungen und noch mehr Tiere instrumentalisiert haben, war es, über ein zu entwickelndes Tiermodell von Sucht auf Behandlungsmöglichkeiten und insbesondere auf Pharmakotherapien für den Menschen rückzuschließen. Dies ist offenbar kaum gelungen, was eine drastische Kürzung der finanziellen Mittel der pharmazeutischen Industrie nach sich zog. Field und Kersbergen (2019) beschäftigen sich in ihrer Arbeit „Are animal models of addiction useful?" mit einer kritischen Würdigung dieser Studien und kommen unter anderem zu der Überzeugung, dass das Gehirn von Süchtigen als Komponente eines umfassenderen Netzwerks von Symptomen einerseits sowie von Umwelt- und sozialen Faktoren andererseits verstanden werden muss. Diese Komplexität ließe sich unmöglich in Labortieren modellieren.

Obwohl Studien also belegt haben, dass Hunde von Substanzen abhängig werden können, spielt diese Definition im alltäglichen Umgang mit Hunden kaum eine Rolle. Verhaltensweisen von Hunden, die uns suchtartig erscheinen, können mit diesem engen Suchtbegriff also nicht gefasst werden.

## Sucht und Abhängigkeit, Versuch einer Begriffsklärung

Oft werden diese beiden Begriffe synonym verwendet oder sie werden beide parallel benutzt, ohne dass die Verwendung des einen oder des anderen Begriffs bewusst gewählt wird.

## Abhängigkeit

Unter Abhängigkeit wird der Mechanismus verstanden, über den der regelmäßige Substanzkonsum ein Ungleichgewicht der neurobiologischen Funktionsweise des Individuums herbeigeführt hat. Dieses Ungleichgewicht erzeugt ein körperliches und psychisches Unwohlsein, wodurch sich ein Drang zur Fortsetzung des Konsums bildet. Dabei stehen nicht mehr die angenehmen Wirkungen der psychotropen Substanz im Vordergrund, sondern die Vermeidung der negativen Folgen eines Konsumstopps.

## Sucht

Sucht beschreibt ein übermächtiges Verlangen zum Beispiel eine Substanz zu konsumieren, trotz der schädlichen Auswirkungen auf die Gesundheit und das soziale Leben. Es handelt sich um eine Erkrankung, die mit der Ingangsetzung pathologischer Lernprozesse zusammenhängt. Sie entsteht, wenn willentliche Verhaltensweisen in automatisierte, quasi zwanghafte Verhaltensschemata abgleiten. Sucht ist also nicht alleine das Ergebnis eines Substanzkonsums. Sie kann auch im Falle von als lustvoll beziehungsweise belohnend empfundenen Verhaltensformen auftreten. Grundlegende Erkenntnis der Neurowissenschaften bezüglich der Entwicklung einer Suchterkrankung ist der Nachweis, dass zwar die einzelnen psychotropen Substanzen ihre jeweiligen pharmakologischen Wirkmechanismen entfalten, ihnen jedoch allen eine Erhöhung der Dopaminausschüttung im Belohnungssystem gemeinsam ist.

Sucht ist eine psychische Erkrankung, die sich in neurobiologischen Veränderungen niederschlägt.

## Zusammenhang von Abhängigkeit und Sucht

Das bedeutet, Substanzkonsumenten können unter Umständen abhängig, aber nicht süchtig sein. Ein Beispiel hierfür wäre die erworbene Abhängigkeit von einem opiatbasierten Schmerzmittel nach Bandscheibenvorfall. Der Konsument wird dann, wenn Dosierung und Einnahmedauer entsprechend waren, die unangenehmen Folgen, die das Absetzen des Medikaments mit sich bringt, aushalten und überwinden müssen und in der Regel auch können. Da der Kontext der Einnahme, also der schmerzhafte Bandscheibenvorfall, kaum lustbetont gewesen ist, hat der Konsument keinen entsprechenden pathologischen Lernprozess vollzogen. Er wird also trotz spürbarer Entzugserscheinungen nicht das übermächtige Verlangen spüren, sein Schmerzmittel erneut zu konsumieren.

Andersherum bedeutet es, ein Individuum kann süchtig danach sein, eine Verhaltensweise zu wiederholen, also beispielsweise glücksspielsüchtig sein, ohne dass es von einer Substanz abhängig ist.

Grundsätzlich ist jede Verhaltensweise, die lustbetont ist und mit einer Dopaminausschüttung einhergeht, geeignet, sich zur süchtigen Verhaltensweise zu entwickeln.

# Entstehung und Aufrechterhaltung der Sucht

Sucht gilt und ist entsprechend kodiert als psychische Erkrankung. Noch vor Erkenntnissen der Neurowissenschaften und vor der Entwicklung der bildgebenden Verfahren war das Phänomen gesellschaftlich bekannt. Ein Alkoholabhängiger wurde früher schlicht als Säufer bezeichnet. Die Unfähigkeit, trotz schädlicher Folgen auf den Konsum zu verzichten, wurde mangels anderer Erklärungsmodelle als Charakter- oder Willensschwäche beschrieben. Später, noch weit vor Mitte der Neunziger Jahre, sprachen wir bereits von einem Suchtgedächtnis, umgangssprachlich hieß das: "einmal Säufer, immer Säufer". Erst seit der Entwicklung der bildgebenden Verfahren können wir dieses angenommene Suchtgedächtnis auch sehen. Es beschreibt heute einen Teil komplexer neuronaler Vorgänge, die zu einer Suchterkrankung gehören. Trotz der großen Bedeutung von Suchterkrankungen für die Gesellschaft und der mit ihnen verbundenen Kosten bleiben bis heute viele ihrer zugrunde liegenden Mechanismen unverstanden. Unstrittig ist jedoch, dass die Entstehung einer Suchterkrankung mit verschiedenen neuronalen Systemen im Gehirn zusammenhängt und dass bestimmte Neurotransmitter bei der Suchtentstehung eine besondere Rolle spielen.

## Das limbische System

Das limbische System stellt keine eigentliche Gehirnstruktur dar, sondern bildet ein Netzwerk aus Nervenbahnen. Hierzu gehören auch bestimmte Hirnstrukturen wie der Hippocampus, der für die Speicherung von erfahrungsbasierten Gedächtnisinhalten verantwortlich ist. Ebenso Teil des limbischen Systems ist die Amygdala oder der Mandelkern. Die Amygdala nimmt eine emotionale Einschätzung oder Bewertung eines Ereignisses vor. Eng zusammen hängt das limbische System mit dem Hypothalamus, der eine zentrale Rolle bei der Steuerung der Körperfunktionen spielt, beispielsweise bei der Regulation der Körpertemperatur oder der Nahrungsaufnahme. Einen weiteren engen Zusammenhang bildet das limbische System mit dem präfrontalen Cortex, der für kognitive Funktionen, Planung, Motivation und Entscheidungsfindung zuständig ist. Das limbische System beeinflusst sowohl die Hormonausschüttungen als auch die unwillkürlichen Funktionen wie Atmung und Verdauung. Es ist für die Aufrechterhaltung des inneren Gleichgewichts, der Homöostase, verantwortlich und ist evolutionär eine der ältesten Hirnstrukturen. In gewissem Sinn stellt das limbische System eine Art Knotenpunkt dar, an dem Informationen aus verschiedenen Hirnstrukturen verarbeitet werden. Damit soll ein zur Bewältigung einer bestimmten Situation angemessenes Verhalten erzielt werden.

## Das Belohnungssystem

Bereits 1954 wurde das für die Suchtentstehung maßgebliche Belohnungssystem durch Versuche an Ratten zufällig von James Olds und Peter Milner vom California Institut of Technology entdeckt (Olds J., Milner P. 1954). Um Erkenntnisse über Lernprozesse zu gewinnen, pflanzten sie Ratten eine Elektrode ins Gehirn, die auf Knopfdruck leichte elektrische Ströme abgab, um das Nagerhirn zu reizen. Bei einem Tier stachen die Forscher versehentlich die Elektrode in das falsche Areal, woraufhin die Ratte wiederholt die Ecke des Käfigs aufsuchte, in der sie den Stimulus bekommen hatte. In der Folge setzten Olds und Milner Ratten in einen Käfig, der mit einem Hebel versehen war, den die Ratten selbstständig betätigen konnten. Drückten sie diesen, so erhielten die Ratten über die Elektrode einen Stromschlag. Nach zwei bis fünf Minuten Lernzeit stimulierten die Tiere das eigene Gehirn fortdauernd etwa alle fünf Sekunden. Die Nager empfanden die elektrische Stimulation offenbar als angenehm, als Belohnung sozusagen. Das verstärkte das Verhalten, den Hebel zu drücken, bis zur absoluten Erschöpfung. Angebotenes Futter wurde ignoriert und einige Ratten brachen zusammen, weil sie lieber den Hebel drückten als zu fressen oder zu trinken.

Allen Suchtformen ist gemeinsam, dass sie auf einen bestimmten Teil des limbischen Systems einwirken, auf eben dieses Belohnungssystem. Sie aktivieren insbesondere ein als ventrales Tegmentum bezeichnetes Areal, das sich im Zentrum des Gehirns befindet. Innerhalb dieser Struktur laufen aus verschiedenen Gebieten des limbischen Systems Informationen über den Befriedigungsgrad von Grundbedürfnissen zusammen, also etwa über Atmung, Nahrungsaufnahme, Sexualität, Nervenaktivität und auch über soziale Kontakte. Diese werden anschließend an eine andere Hirnstruktur, den Nucleus accumbens, weitergegeben. Dieser dient der Steuerung und Aufrechterhaltung von Motivation. Über diesen Schaltkreis werden die für das Individuum interessanten Handlungen ermittelt und verstärkt, damit sie künftig erneut ausgeführt werden. Diese Schleife sorgt dafür, dass Momente des Glücks und der Freude für motorischen Antrieb sorgen, auf die Umgebung so einzuwirken, dass diese Momente wieder erlebt werden können. Man könnte Sucht also auch als extreme oder pathologische Form positiv motivierten Verhaltens bezeichnen.

Das Belohnungssystem ermittelt also die unerwarteten und positiven Folgen eines Verhaltens in einer gegebenen Situation und generiert ein Lernsignal, damit dieses Verhalten in Zukunft wiederholt wird. Der von den betreffenden Neuronen verwendete Neurotransmitter ist das Dopamin.

## Dopamin

Die Affenexperimente von Schultz an der Universität Cambridge 1998 haben gezeigt, dass die Aktivität der dopaminproduzierenden Nervenzellen des Belohnungssystems stark erhöht ist, wenn ein Affe eine Belohnung erhält, die er nicht erwartet hat. Wird das Tier hingegen in der erwarteten Weise belohnt, aktivieren sich die dopaminergen Neuronen in normalem Maß. Wenn der Affe vergeblich auf eine Belohnung wartet, verringert sich die Aktivität der dopaminergen Neuronen deutlich. Die Dopaminkonzentration fällt unter den normalen Wert. Dopamin informiert auf diese Weise das Nervensystem über eine Abweichung zwischen der erwarteten und der tatsächlich erhaltenen Belohnung. Dopamin ist also nicht für die euphorischen Zustände verantwortlich, sondern kommt einem Lernsignal gleich, das mit der Belohnung in einer bestimmten Situation verbunden ist. Dopamin markiert sozusagen das Herausragende beziehungsweise die Bedeutung eines Ereignisses oder eines Verhaltens.

> Momente des Glücks und der Freude sorgen für den motorischen Antrieb, so auf die Umgebung einzuwirken, dass diese Momente wiederholt werden können. Hierfür wird ein Lernsignal generiert.

Anders als lange vermutet ist also nicht das Dopamin dafür verantwortlich, dass ein Individuum einen Lustgewinn oder ein Hochgefühl, auch Liking genannt, nach Konsum einer bestimmten Substanz oder Ausführung eines bestimmten Verhaltens empfindet. Dafür sind körpereigene Opiate, die Endorphine zuständig und andere Botenstoffe, darunter Oxytocin. Dopamin ist vielmehr der Transmitter der Belohnungserwartung, des sogenannten Wanting. Es ist also nicht die Substanz oder das Verhalten selbst, dass uns oder einem Hund die Dopaminausschüttung beschert, sondern die Antizipation dessen, was ein gutes Gefühl erwarten lässt. Dopamin generiert also ein ausgeprägtes Verlangen, das verknüpft ist mit den situativen Umständen der gemachten Lernerfahrung. Dieses Verlangen und die Aussicht auf Belohnung motivieren zum Handeln, zur Wiederholung. Im klinischen Kontext entspricht dieses Verlangen dem Craving. Betroffene beschreiben es als „Suchtdruck".

## Lernen und Gedächtnis

Die Aktivierung des dopaminergen Systems hat dafür gesorgt, dass nicht nur einer bestimmten Substanz oder Verhaltensweise besondere Bedeutung zukommt, sondern auch allen mit diesen in Verbindung stehenden, also assoziierten, Reizen. Sie werden im Gedächtnis abgespeichert. Diese Hinweisreize wären beim Alkoholabhängigen der Anblick des Bierglases oder auch nur die Alkoholprozentangabe auf dem Mundwasserfläschchen. Beim Hund könnte es der Griff in die Jackentasche, die den Ball beherbergen könnte, sein oder auch nur das Anziehen der Outdoorklamotten der Halterin, aber auch bestimmte Orte, Zeitfenster oder ballähnliche Objekte wie ein Tannenzapfen. Diese assoziierten Reize verankern sich derart tief im Gedächtnis, dass sie auch autonom ein Annäherungsverhalten an eine Substanz oder Verhaltensweise auslösen können. Wurde der Substanzkonsum oder die entsprechende Verhaltensweise wiederholt ausgeführt, zeigt sich das Verhalten des Individuums nicht mehr zielgeleitet, im Sinne einer geplanten Annäherung an beispielsweise den Alkohol oder den Ball, sondern es entwickelt sich eine automatisierte Abfolge von Reiz-Reaktions-Ketten. Der Konsum oder die süchtige Verhaltensweise wird folglich, abhängig von entsprechenden Hinweisreizen, als Automatismus ausgelöst.

In allen beteiligten Hirnstrukturen findet eine Sensibilisierung auf diese Hinweisreize statt, die sich in einer Verschiebung der Aufmerksamkeit hin zu den assoziierten Reizen, also in einer Aufmerksamkeitsverzerrung, äußert. Natürliche Verstärker wie Essen, Sozialkontakt oder Sexualität verlieren ihre Wirksamkeit und Relevanz. Beim Menschen führt das dazu, dass sich ihre Wahrnehmung entsprechend verengt und wichtige andere Aspekte des Lebens und auch wichtige soziale Kontakte vernachlässigt werden oder hinsichtlich einer Ausrichtung auf die Erlangung des Suchtmittels zunehmend funktionalisiert und ausgebeutet werden können. Bei Hunden führt es möglicherweise dazu, dass sie körperliche Bedürfnisse wie Essen, Trinken, Erschöpfung oder Ruhebedürfnis übergehen oder Verletzungsrisiken oder potenziell aufmerksamkeitsbindende andere Reize, wie den fremden Rüden im Blickfeld, ignorieren. Suchtentwicklung hieße in diesem Sinne, dass psychotrope Substanzen oder süchtige Verhaltensweisen sich neuronale Lern- und Gedächtnisprozesse quasi zu eigen machen.

Hinweisreize werden tief im Gedächtnis verankert. Sie lösen bei fortgeschrittener Suchtentwicklung automatisiert die süchtige Verhaltensweise aus. Die Aufmerksamkeit ist eng auf diese Reize gerichtet und andere lebenswichtige Aspekte werden nicht mehr angemessen wahrgenommen.

## Toleranzentwicklung

Die Aktivität des Belohnungssystems wird im Laufe der Suchtentwicklung durch den wiederholten Konsum oder die wiederholten Verhaltensweisen verändert. Da psychotrope Substanzen oder süchtige Verhaltensweisen eine erhebliche Aktivierung der beteiligten Hirnstrukturen und damit eine erhebliche Ausschüttung von Neurotransmittern verursachen, wird die Homöostase, also das Gleichgewicht des Organismus, empfindlich gestört. Um das Gleichgewicht wiederherzustellen, beginnt das Gehirn seine originäre Aktivität entsprechend anzupassen. Dabei greift es auf verschiedene adaptive Mechanismen zurück. So wird die Rezeptorenanzahl an der Oberfläche der Neuronen verringert, die Empfindlichkeit der Rezeptoren verändert und die Neurotransmitterausschüttung gedrosselt. Bei chronischem Konsum beziehungsweise anhaltendem Ausführen süchtiger Verhaltensweisen passt sich also das Gehirn an, um die Wirkung der Substanz oder Verhaltensweise abzuschwächen. Es entstehen im Individuum dadurch Gefühle von Traurigkeit, Ängstlichkeit und Reizbarkeit. Dieser unangenehme Gemütszustand veranlasst zum erneuten Konsum beziehungsweise erneutem Ausführen. Die Frustrationsgefühle drängen also zum Konsum erhöhter Mengen oder zur verstärkten Ausführung süchtiger Verhaltensweisen. Ziel ist nun nicht mehr, ein Hochgefühl im Vergleich zum Normalzustand zu erleben, sondern den Normalzustand wieder herbeizuführen. Dieser ist jedoch inzwischen durch die erzielten Lerneffekte unerreichbar geworden, sodass nur durch eine Verstärkung der süchtigen Verhaltensweisen oder eine Erhöhung der Konsumdosis eine teilweise und vorübergehende Verbesserung des psychischen Unwohlseins bewirkt werden kann.

## Weitere dauerhafte Veränderungen

### Auswirkungen auf das Lernen

Dass das Gehirn der Überstimulierung dopaminerger Neuronen etwas entgegensetzt, hat weitere Folgen. Es erreicht durch die beschriebenen adaptiven Mechanismen tatsächlich eine Verringerung der Dopaminverfügbarkeit und damit auch eine Abnahme der damit verbundenen Lernsignale. Diese Abnahme von Lernsignalen ist nicht auf süchtiges Agieren begrenzt, sondern wirkt auch in alltäglichen Lebenssituationen, die von süchtigen Verhaltensweisen unabhängig bestehen. Das Gehirn verliert auf diese Weise seine Fähigkeit, die Wiederholung eines für das Überleben vorteilhaften Verhaltens durch das Aussenden von Lernsignalen zu fördern.

Das Gehirn versucht der Überschwemmung mit Neurotransmittern durch verschiedene Mechanismen entgegenzuwirken, um sein Gleichgewicht wiederherzustellen. Bei Unterbrechung der süchtigen Verhaltensweise fühlt sich diese Drosselung traurig und ängstlich an und macht unruhig. Das süchtige Verhalten muss daher immer häufiger und anhaltender gezeigt werden. Nicht mehr, um ein Hochgefühl zu erreichen, sondern nun, um sich eine vorübergehende Entlastung zu verschaffen. Selbst der frühere Normalzustand ist nicht mehr erreichbar. Nun fehlt Dopamin und damit auch das Aussenden von Lernsignalen. Jedwedes Lernen wird beeinträchtigt.

### Auswirkungen auf die Regulation von Impulsen.

Volkow et al (2008) haben nachgewiesen, dass bei süchtigen Individuen eine Herabsetzung des originären Stoffwechsels im präfrontalen Kortex stattgefunden hat. Der präfrontale Kortex ist maßgeblich für Entscheidungsfindungsprozesse. Werden die süchtigen Individuen mit entsprechenden Hinweisreizen konfrontiert, steigert sich der Stoffwechsel im präfrontalen Kortex wesentlich deutlicher, als wenn Hinweisreize im Zusammenhang mit einer gewöhnlicheren Belohnung gezeigt werden. Der präfrontale Kortex von Süchtigen scheint die Fähigkeit verloren zu haben, die Suche nach natürlichen Verstärkern auszulösen und das Annäherungsverhalten an die entsprechende psychotrope Substanz oder süchtige Verhaltensweise zu unterbinden. Die abgeschwächte Funktion des dopaminergen Systems geht also mit einer verminderten Motivation für andere Beschäftigungen, beispielsweise für soziale Interaktionen oder Nahrungsaufnahme einher und bewirkt gleichzeitig eine geringere Hemmung des Suchtverhaltens durch das Frontalhirn (vgl. Yalachkov et al. 2012).

## Entzug

Wird der Konsum oder die süchtige Verhaltensweise unterbunden, entsteht aufgrund der vorher stattgefundenen Anpassung, die mit der Toleranzentwicklung einhergeht, ein massives Ungleichgewicht in den neuronalen Funktionen. Das Gehirn vollzieht diese Veränderung nicht sofort nach, sondern hält im Gegenteil die Mechanismen aufrecht, welche die Überaktivierung durch den Konsum oder die süchtige Verhaltensweise relativieren sollten. Dies Ungleichgewicht spiegelt sich in Entzugssymptomen und entsprechender psychischer Beeinträchtigung und Dysphorie. Dysphorie beschreibt eine Störung des emotionalen Erlebens in Form einer ängstlich-bedrückten, traurigen und gereizten Stimmungslage. Nach Wochen oder Monaten kann sich ein Gleichgewicht wiedereinstellen. Die stattgefundenen Umbauprozesse lösen sich jedoch nicht völlig auf und sind mit steter Rückfallgefahr verbunden.

Ein erworbenes Suchtgedächtnis ist, soweit wir wissen, nicht reversibel. Bei Abstinenz geht es irgendwann von ON auf STANDBY. Bei Konfrontation mit einem Hinweisreiz kann es auch nach Jahren wieder „anspringen“ und Suchtdruck oder Rückfall auslösen.

# Substanzungebundene Süchte und suchtähnliche Störungen

## Nicht substanzgebundene Suchtformen

Als nicht substanzgebundene Süchte, sogenannten Verhaltenssüchte, werden suchtartig und augenscheinlich zwanghaft wiederholt ausgeführte Verhaltensweisen benannt. Bekannt beim Menschen sind beispielsweise Kaufsucht, pathologisches Spielen umgangssprachlich Spielsucht, Hypersexualität umgangssprachlich Sexsucht, Arbeitssucht, Sportsucht, pathologischer Mediengebrauch oder Computersucht und andere. Beim Hund würden wir beispielsweise vom „Balljunkie" sprechen.

Diese Formen suchtartiger Verhaltensweisen beim Menschen werden im Klassifikationssystem ICD 10 jedoch bei den Impulskontrollstörungen eingeordnet. Aktuell sind dort also unter F63.x „Abnorme Gewohnheiten und Störungen der Impulskontrolle" zusammengefasst, die wie folgt definiert sind:

*„... In dieser Kategorie sind verschiedene nicht an anderer Stelle klassifizierbare Verhaltensstörungen zusammengefasst. Sie sind durch wiederholte Handlungen ohne vernünftige Motivation gekennzeichnet, die nicht kontrolliert werden können und die meist die Interessen der betroffenen Person oder anderer Menschen schädigen. Die betroffene Person berichtet, aufgrund von dranghaften Impulsen zu handeln. Die Ursachen dieser Störungen sind unklar; hier sind sie wegen deskriptiver Ähnlichkeiten gemeinsam aufgeführt, nicht weil sie andere wichtige Merkmale teilen." (Dilling, Freyberger 2013, S.255)*

Wir sprechen daher im Folgenden von Verhaltensstörungen bei Hunden, die wir suchtähnlich wahrnehmen und benennen. Als suchtähnlich gilt dann die sichtbare Schwierigkeit des Hundes, das Verhalten zu beenden, die auffallende Wiederholung des Verhaltens, die Einengung der Wahrnehmung und Aufmerksamkeitsverzerrung hinsichtlich anderer Reize, die Beeinträchtigung grundlegend für das Überleben und die Gesunderhaltung wichtiger Bedürfnisse wie Ruhe und Schlaf, Futter- und Wasseraufnahme, körperliche Unversehrtheit und soziale Einbindung.

Für Tiere und damit auch für Hunde gibt es in der Veterinärmedizin kein entsprechendes Klassifikationssystem. Insgesamt scheint die Verhaltensmedizin innerhalb der Veterinärmedizin ein eher junger Zweig zu sein. Allerdings erschienen erste Publikationen mit tierpsychologischen Inhalten bereits um 1900. Diese beschäftigten sich mit dem Verhalten von Hunden, vornehmlich Jagd- und Polizeihunden, mit dem Ziel, das Verhalten der Hunde über Training zu beeinflussen (Röhrs K., Schöning B. 2013).

Tatsächlich sind suchtähnliche Verhaltensweisen innerhalb der veterinärmedizinischen Verhaltensmedizin nach Leitsymptomen unter „Repetitives und stereotypes Verhalten" zusammengefasst. Einige davon sollen nachfolgend benannt werden.

## Repetitives und stereotypes Verhalten

Unter repetitiven und / oder stereotypen Verhaltensweisen wird in der tierischen Verhaltensmedizin eine große und heterogene Gruppe von Symptomen zusammengefasst. Diese Gruppe umfasst alle durch Wiederholung gekennzeichneten Störungen von der einfachen Tic-Störung wie mehrfaches Blinzeln oder Schmatzen bis hin zu komplexen obsessiv-kompulsiven Störungen[3]. Gemeinsam ist allen das Element der motorischen Aktivität

3 Diese Verhaltensweisen sind „... komplexere Handlungsmuster, die offensichtlich mit kognitiven Prozessen in Verbindung stehen, wie dem aktiven Aufsuchen eines bestimmten Ortes, Suche oder Provokation bestimmter Kontexte und Situationen. Die Themen der Störungen aus dem obsessiv-kompulsiven Spektrum sind häufig überlebenswichtige Funktionen aus dem Jagdverhalten oder Komfortverhalten. Beispiel: Schatten oder Lichtreflexe jagen, bestimmte Objekte wie Bälle, Stöcke, Steine oder Aludosen suchen, dauernd herumtragen oder zerbeißen." (Schroll, Dehassse 2016, S. 281)

in steter, zwanghaft wirkender Wiederholung derselben unangemessen erscheinenden Bewegung oder Verhaltenssequenz (Schroll S., Dehasse J. 2016). Eine Suchterkrankung gibt es offenbar in der Veterinärmedizin nicht und auch deren zugehörige Verhaltensweisen, also beispielsweise exzessives Hetzen von bewegten Objekten, die der Definition von repetitivem Verhalten ja entsprechen, bleiben unerwähnt.

Zurecht weist die Verhaltensmedizin deutlich darauf hin, dass der Abklärung möglicher körperlicher Ursachen eine besondere Bedeutung zukommt. Ohne Anspruch auf Vollständigkeit werden folgende Verhaltensweisen als repetitives oder stereotypes Verhalten verstanden:

Schwanzjagen, Schatten oder Lichtreflexe jagen, im Kreis drehen, Herumwandern, Vokalisieren (Bellen), Starren (zum Beispiel auf Lichtreflexe) ...

Exzessives Lecken, an den Pfoten, aber auch an Boden oder Wand, Haare kauen, Krallen beißen ...

Exzessives Gras reißen und/oder Gras fressen, Stöckchen schreddern, Buddeln, destruktives Verhalten wie zerbeißen oder zerkratzen ...

Exzessives Aufreiten, Masturbation ...

Selbstverletzende Verhaltensweisen wie das Aufbeißen der Rute, Pfoten oder Flanken, Wundlecken von Pfoten oder Genitalien ...

Die Funktion der genannten Verhaltensweisen oder deren Zuordnung zu komplexeren Krankheitsbildern bleibt offen. Gleichwohl drängen sich naheliegende Zuordnungen oder entsprechende Fragen bezüglich zwanghaftem Verhalten, substitutiven Verhaltensweisen bei Angststörungen oder nach dem Vorhandensein von Stress förmlich auf. Eine Zuordnung, insbesondere zu einer Störung, wie sie beim Menschen klassifiziert ist, scheint an dieser Stelle weder möglich noch legitim.

Nicht aufgeführt bei den Symptomen repetitiver Verhaltensweisen ist das süchtige Hetzen, also der „Ball- oder Stöckchenjunkie". Bezüglich des „Bällchenjunkies" wird die Zuordnung als Suchterkrankung innerhalb dieser Arbeit nach wie vor aufrechterhalten, da die Suchtartigkeit hinreichend ausgeführt wurde.

# Ausdrucksformen süchtigen Verhaltens beim Hund und dessen Folgen am Beispiel des „Balljunkies"

Bei Menschen, die eine Suchterkrankung entwickelt haben, erleben wir über einen sehr langen Zeitraum eine Verdrängung und Verleugnung einer Sucht oder Abhängigkeit. Erst in einem späten Stadium gestehen sich die Betroffenen erstmals ein, dass sie ein Problem haben. Oft noch wesentlich später äußern sie sich entsprechend gegenüber einem anderen Menschen. Zu diesem Zeitpunkt sind die Folgen der Suchterkrankung selbst für die Betroffenen nicht mehr zu übersehen, sei es aus gesundheitlichen Gründen, weil sie beruflich nicht einmünden, weil sie strafrechtliche Konsequenzen befürchten oder sich soziale Konflikte häufen und sie zunehmend sozial isoliert sind. Anders nimmt das Umfeld eines Süchtigen oft früh und zunehmend Probleme war, selbst wenn die Ursache dieser Probleme, die Suchterkrankung, unentdeckt bleibt.

Ganz anders scheint sich das im Falle eines süchtigen Hundes zu verhalten. Vermutlich in recht frühem Alter, dies teilt er übrigens mit der menschlichen Suchtklientel, die im häufigsten Fall mit dem Konsumieren im Pubertätsalter beginnt, erlernt er das Apportieren von Gegenständen wie einem Ball in Gesellschaft und einträchtiger Kooperation mit einer Bezugsperson. Rennen, respektive Hetzen, verursacht die entsprechende Ausschüttung von Neurotransmittern und scheint ihm zu gefallen. Dass er einen Ball fangen beziehungsweise die Beute greifen kann, fühlt sich großartig an. Seine Bezugsperson bejubelt das umgehend, möchte sie doch, dass er den Ball zurückbringt. Tut er das, erfolgt, eventuell sogar mit dem Gedanken, ihn für seinen schnellen Apport entsprechend zu belohnen, durch die Bezugsperson eine umgehende Wiederholung des Wurfs. Im weiteren Verlauf wird der Ball, ähnlich wie Schlüssel, Jacke, Leine oder Outdoorschuhe zum unerlässlichen Utensil, wenn es darum geht, mit dem Hund rauszugehen. Der Hund scheint glücklich, denn er fordert die Bezugsperson irgendwann von sich aus auf, das Bällchen aus der Tasche zu ziehen und wird dieses „Spiels" nicht müde. Die Bezugsperson ist glücklich, wenn der Hund glücklich scheint. Darüber hinaus erweist sich der Ball als äußerst effektives Beschäftigungsinstrument. Der Hund ist anschließend müde und „ausgepowert", sie muss sich um alternative Beschäftigungsmöglichkeiten keine Gedanken mehr machen und viel bewegen muss sich die Bezugsperson auch nicht. Die Ballbegeisterung nützt darüber hinaus auch in etwas kniffligen Situationen, zum Beispiel wenn ein anderer Hund entgegenkommt, schließlich lässt der eigene Hund sich mit dem Ball in der Hand prima durch alle Situationen leiten, denn er ist damit beschäftigt, den Ball anzuschauen und wird von anderen Reizen effektiv abgelenkt. Vor diesem Hintergrund scheint, süchtig oder nicht, kein Veränderungsbedarf zu bestehen.

Um zu prüfen, ob dem so ist, beschäftigen sich folgende Ausführungen mit den Symptomen und Auswirkungen süchtiger Verhaltensweisen beim Hund.

## Ausdrucksformen süchtigen Verhaltens beim Hund

Um hundetypischen Ausdrucksformen einer Suchterkrankung auf die Spur zu kommen kann ein Vergleich mit den im ICD 10 festgehaltenen Symptomen einer Substanzabhängigkeit dienlich sein. Einschränkend darf nicht unerwähnt bleiben, dass die Symptomatik des ICD 10 teilweise aus Aussagen von Betroffenen abgeleitet wird. Der Hund kann uns also nicht sprachlich vermitteln, ob er einen starken Wunsch oder eine Art Zwang verspürt, ein Verhalten zu wiederholen. Auch ob er eigentlich vorhatte, in einer bestimmten Situation nur fünfmal nach dem Ball zu jagen, er dann aber doch gerannt ist, bis er nicht mehr konnte, werden wir nicht eindeutig erfahren. An dieser Stelle sei explizit darauf hingewiesen, dass es sich im Folgenden um willkürliche, keinesfalls wissenschaftlich belegte Zuordnungen handelt. Die Verwendung der Definitionen des ICD 10 hat also experimentellen Charakter mit dem Ziel, Wahrnehmungen zu ordnen und abzugleichen. Die Kriterien für psychische und Verhaltensstörungen durch psychotrope Substanzen wurden entsprechend umformuliert:

### „Starker Wunsch oder eine Art Zwang, das süchtige Verhalten auszuführen"

Folgen wir obigen Ausführungen und gehen davon aus, dass beim süchtigen Hund adaptive Mechanismen des Gehirns vollzogen wurden, so befindet sich der Hund in der Zeit, in der er das süchtige Verhalten nicht ausführen kann, in einer dopaminergen Mangelsituation. Diese wird begleitet von Gefühlen von Frustration, Niedergestimmtheit und ängstlichem Unwohlsein. Um sich besser zu fühlen, ist er auf die Aktivierung des Belohnungssystems angewiesen. Durch die erlernte Sensibilisierung auf Hinweisreize und die damit einhergehende Gleichgültigkeit gegenüber originären Verstärkern, beispielsweise einem liebevollen Kontakt zur Bezugsperson, ist er gezwungen, aufmerksam nach dem kleinsten Anzeichen einer eventuell bevorstehenden süchtigen Aktivität Ausschau zu halten. Anders als ein Mensch hat er darüber hinaus nur geringe Möglichkeiten, die süchtige Verhaltensweise aktiv anzusteuern. Er ist hierfür auf seinen Menschen angewiesen. Ein stetes „halbes Auge" auf die Bezugsperson, ein Starren auf die Jackentasche, die den Ball beherbergt oder, falls dieser verfügbar ist, ein wiederholtes „Antragen" oder vor die Füße Rollen des Balls, könnten Anzeichen des Dranges des Hundes sein, das süchtige Verhalten auszuführen. Aufgeregtheit bei Anzeichen eines „Gassiganges", beim Geräusch des aufgenommenen Hauschlüssels, beim Schuhe anziehen, wären denkbar. Insgesamt ließe sich dann ein erhöhter Erregungslevel einhergehend mit motorischer Unruhe, eventuell mit gesteigerter Vokalisation erwarten.

### „Verminderte Kontrollfähigkeit in Bezug auf Beginn, Beendigung oder Dauer des süchtigen Verhaltens"

Der „Balljunkie" wird, sofern er eine auch nur geringe Möglichkeit zur Ausführung des süchtigen Verhaltens erwartet, versuchen, die Aktion mit dem Ball zu initiieren, beispielsweise indem er draußen um seine Bezugsperson herumhüpft, mit der Nase die ballenthaltende Tasche anstupst oder ähnliches. Ein süchtig ballhetzender Hund wird das „Ballspiel" nicht eigenständig und in vitaler Verfassung beenden. Er wird den Ball hetzen, bis er körperlich völlig erschöpft ist. Steckt die Bezugsperson den Ball weg, wird er sie weiter im Rahmen seiner Möglichkeiten zur Aktivität auffordern.

### „Körperliches Entzugssyndrom bei Beendigung oder Reduktion des süchtigen Verhaltens"

Wird dem süchtigen Hund der Ball und alle weiteren Wurfgegenstände entzogen, könnte er mit Schlafstörungen, erhöhter motorischer Unruhe und Niedergestimmtheit oder Gereiztheit reagieren.

### „Nachweis einer Toleranz"

Eine Toleranzentwicklung nachzuweisen, scheint schwierig. Sie könnte sich in einer gesteigerten Dauer des Hetzens oder in vermehrtem also häufiger sichtbarem oder länger andauerndem Appetenzverhalten wie oben beschrieben äußern.

### „Fortschreitende Vernachlässigung anderer Vergnügungen und Interessen zugunsten der süchtigen Verhaltensweise, erhöhter Zeitaufwand, um das Verhalten ausführen zu können oder sich von den Folgen zu erholen"

Dass süchtiges Verhalten mit einer Aufmerksamkeitsverzerrung einhergeht, wurde hinreichend dargestellt. Es wäre also erwartbar, dass der süchtige Hund sich auffallend wenig für seine Umwelt interessiert, Kontakte zur Bezugsperson zunehmend in Aufforderungen zur Aktivität bestehen und ruhiges Beisammensein seltener wird. Sozialkontakte mit anderen Hunden, Futter, ausreichende Wasseraufnahme und ausreichende Ruhephasen würden an Bedeutung verlieren. Wirft ein fremder Mensch den Ball, wird der süchtige Hund dem Ball respektive dem fremden Menschen hinterherlaufen, unabhängig davon, wohin sich seine Bezugsperson zwischenzeitlich begibt. Das süchtige Verhalten ist in diesem Moment „wichtiger" als sein bedeutsamster Sozialpartner.

### „Anhaltende Ausführung des Verhaltens trotz spürbar schädlicher Folgen"

Der süchtige Hund würde vermutlich Ärger mit seiner Bezugsperson in Kauf nehmen, wenn diese das „Ballspiel" als beendet betrachtet oder es beenden möchte. Er wird versuchen, sich dieser Entscheidung durch fortdauernde Aufforderung, Vokalisation, motorische Unruhe oder ähnliches zu widersetzen. Harsche Zurechtweisungen im Stil eines „Lass das!" oder auch eine körperliche Korrektur in Form eines Knuffs bei wiederholtem Stupsen an die Tasche könnte er hinnehmen, um sein Ziel, die Fortsetzung des süchtigen Verhaltens, doch noch zu erreichen. Ein dem Ball entgegenfiebernder Hund läuft oft rückwärts, um den Ball zu fixieren und den Zeitpunkt des Wurfs nicht zu verpassen. Nicht selten stürmt er auch rückwärts los und prallt gelegentlich heftig an ein Hindernis, ohne dieser Überraschung oder dem damit einhergehenden Schmerz Beachtung zu schenken oder künftig vorsichtiger zu sein. Es gibt Hunde, die einem unachtsam geworfenen Gegenstand ohne jeden Selbstschutzreflex über eine Abgrundkante, aus einem Fenster in unbekannte Tiefe, in ein Gewässer mit steilem Ufer hinterherspringen oder in ein Auto laufen würden, um dem Ball zu folgen.

## Risikofaktoren, Zusammenhänge und Folgen süchtigen Verhaltens für den Hund

Viele Folgen wurden bereits durch die Symptombeschreibung erkennbar. Auf einige soll aufgrund ihrer Bedeutung für den Hund expliziter hingewiesen werden. Bestimmte Aspekte lassen sich zudem nicht ausschließlich als Folge einer Suchterkrankung beim Hund beschreiben. Sie stehen in komplexerer Beziehung zur Suchterkrankung. Sie können sowohl zur Suchtentstehung und zu ihrer Aufrechterhaltung beitragen als auch einen Ausstieg aus süchtigen Verhaltensweisen erheblich erschweren beziehungsweise zu einer Suchtverschiebung oder einem Rückfall beitragen.

### Schlaf und Ruhe

Die Angaben, wie lange ein Hund im Durchschnitt schläft oder schlafen sollte, gehen weit auseinander und reichen je nach Quelle von mindestens 12 Stunden täglich bis hin zu enormen 22 Stunden am Tag. Unstrittig scheint zu sein, dass Welpen und ältere Hunde ein höheres Schlafbedürfnis haben und dass Hunde insgesamt mehr schlafen und schlafen müssen als Menschen. Dabei gibt es sowohl rassebedingte als auch, wie beim Menschen, individuell große Unterschiede.

Im Schlaf laufen wichtige Prozesse ab, die im Wachzustand nicht oder nicht im gleichen Maß stattfinden. Wichtige Hirnreifungsprozesse finden ausschließlich im Schlaf statt, daher schlafen junge Individuen mehr als ältere. Schlaf hat zudem eine gedächtnisförderliche Wirkung, wie die Lernforschung zeigen konnte. Wird unmittelbar nach einem Lernprozess geschlafen, so verbessert sich die Lernleistung im Vergleich zu nicht danach schlafenden Individuen signifikant. Im Schlaf werden die Energiespeicher, Adenosintriphosphat, wieder aufgefüllt. Die Ausschüttung von Wachstumshormonen findet ebenfalls fast ausschließlich im Schlaf statt. Wachstumshormone sind auch für notwendige Zell-Reparaturprozesse verantwortlich. Auch die Reparatur und Regeneration von Nervenzellen findet im Schlaf statt. Daneben werden Stoffwechselabbauprodukte und fehlerhafte, toxisch wirkende Proteine, die sich im Gehirn tagsüber ansammeln, nachts abtransportiert (Mehl R. 2021, S. 221). Schlaf und Ruhe gehören zu den physiologischen Grundbedürfnissen und sind zur Gesunderhaltung eines Organismus zwingend notwendig. Schlafentzug bei Ratten führte bei einem Teil der Tiere binnen sieben Tagen zum Tod. Schlafentzug wird bis heute daher auch als Foltermethode eingesetzt.

Aus der Schlafforschung wissen wir, dass eine reduzierte Schlafqualität sowohl psychiatrische wie körperliche Erkrankungen zu Folge haben kann. Sie führt bei Menschen zu schlechterer Tagesbefindlichkeit und zu erhöhtem Risiko für Depression und Substanzkonsum. Andersherum betreffen die stattgefundenen Adaptionsprozesse nach Suchtentwicklung auch die an der Schlafregulation beteiligten Neurotransmittersysteme, sodass ein Einfluss von Suchterkrankung auf die Schlafqualität ebenso denkbar und wahrscheinlich ist (Unbehaun. et al. 2013).

Eine Beeinträchtigung der Schlafdauer und/oder der Schlafqualität ist folglich einerseits ein Risikofaktor für die Entstehung einer Suchterkrankung. Beides kann bereits über die unausgeruhte trächtige Hündin einen Einfluss auf die Welpen haben. In jedem Fall ist es entscheidend, gerade beim Welpen und jungen Hund ausreichend Ruhe- und Schlafphasen zu ermöglichen, um die benannten schädlichen Auswirkungen auf Lernen und körperliche und psychische Stabilität zu vermeiden. Andererseits hat die Suchtentwicklung an sich eine Beeinträchtigung der Schlafqualität zur Folge und trägt damit zur weiteren körperlichen und psychischen Destabilisierung des Hundes bei.

## Schädigung sozialer Beziehungen

Die Schädigung sozialer Beziehungen ist beim Menschen ein wichtiger Indikator, um insbesondere bei substanzungebundenen Suchtformen eine Einschätzung über das Vorhandensein oder Ausmaß einer Verhaltenssucht treffen zu können.

Dass der Verlust von Nähe zu den Sozialpartnern auch beim süchtigen Hund eine Rolle spielt, ist nicht nur daran zu erkennen, dass in Ballnähe der Mensch nur mehr als Wurfautomat Beachtung erfährt. Andere gemeinsame Aktivitäten verlieren an Bedeutung und erregen nur schwer das Interesse des Hundes. Momente der Nähe und Bezogenheit werden seltener und gemeinsame Umgebungserkundung draußen wird aufgrund des Appetenzverhaltens nahezu unmöglich.

Andererseits erweisen sich Beziehungsbeeinträchtigungen wie Bindungsstörungen, Traumata, mangelnde Sozialisation und Deprivation[4] als Risikofaktoren für die Entstehung einer Suchterkrankung. In ihrer Arbeit zu Resilienz bei Hunden betont Tiira (2019), dass die Qualität der Mensch-Hund-Beziehung, aber auch die menschliche Persönlichkeit und das Bindungsmuster des Menschen einen großen Einfluss auf die Stressbewältigung bei Hunden haben. Sie folgert daraus, dass die Bezugsperson und ihr Verhalten eine wichtige Quelle der Resilienz bei Hunden sind. So wurde nachgewiesen, dass die spielerische Interaktion mit seinem Menschen den Cortisolspiegel senkt und Stress abbaut, beim Menschen wie beim Hund. Das wiederum wird mit einer Erhöhung der Neuroplastizität in Verbindung gebracht, die die Widerstandsfähigkeit des Hundes steigert.

---

4 Deprivation beschreibt hier einen Mangel an Umweltreizen zu einem frühen Zeitpunkt, also während des Welpenalters, die für eine gesunde Entwicklung des Welpen notwendig sind. Hierzu gehören sensorische Reize, also Körperkontakt, Wärme, Stimulation durch Abgelecktwerden genauso wie die Erfahrung emotionaler Beziehungen. Das Fehlen oder der Mangel an Umwelt- und Sozialreizen in frühen Entwicklungsphasen hat schwerwiegende Folgen beispielsweise auf die Stressverarbeitungsfähigkeiten des Hundes, seine Konzentrationsfähigkeit oder seine grundlegende Stimmungslage, die eher ängstlich-pessimistisch ausgeprägt sein kann.

### Impulsivität, Impulskontrolle und Frustrationstoleranz

Impulsivität beschreibt die Tendenz zu schnellen, ungeplanten Reaktionen auf internale oder externale Reize ohne Berücksichtigung der Konsequenzen für sich und andere. Studien weisen darauf hin, dass Impulsivität bei einer Suchterkrankung erhöht ist und dieser neurobiologische Veränderungen zugrunde liegen. Gezeigt werden konnte, dass defizitäre Emotionsregulationskompetenzen mit geringerer Impulskontrolle einhergehen (Reichl, Bonn, Enewoldsen, Schwenzner, & Steins-Loeber, 2021).

Impulskontrolle bezieht sich auf die Fähigkeit, unangemessenen oder schädlichen Impulsen zu widerstehen. Die Impulskontrolle wird von verschiedenen Bereichen des Gehirns gesteuert, insbesondere dem präfrontalen Cortex und dem limbischen System. Bei einer Suchterkrankung kommt es aufgrund der neuroadaptiven Veränderungen zu einer verminderten kognitiven Kontrolle, was zu einer gestörten Impulskontrolle führen kann (Spanagel 2017 und Volkow et al. 2008).

Umgekehrt kann eine Beeinträchtigung der Impulskontrolle beziehungsweise eine sichtbare Impulsivität eines Hundes ein Risikofaktor für die Entstehung einer Suchterkrankung sein. Entsprechend weisen auch Sulkama et al. (2022) Impulsivität als relevanten Faktor bei der Entwicklung repetitiven Verhaltens bei Hunden nach.

Frustrationstoleranz beschreibt die Fähigkeit, Enttäuschungen und Schwierigkeiten zu bewältigen. Bei mangelnder Frustrationstoleranz ist das Durchhaltevermögen folglich gering und ein Bedürfnisaufschub schwierig. Eine bekannte Korrelation ist die zwischen Frustrationstoleranz und Aggression. Eine weitere Folge geringer Frustrationstoleranz kann Deprimiertheit oder Resignation sein.

Ein Mangel an Impulskontrolle geht häufig mit einem Mangel an Frustrationstoleranz einher. Beides zeigt sich signifikant im Zusammenhang mit einer Suchterkrankung. Dabei spielen eine geringe Frustrationstoleranz und Impulsivität beziehungsweise ein Mangel an Impulskontrolle sowohl als Risikofaktoren für die Entstehung einer Suchterkrankung als auch als Folgen einer Suchterkrankung eine Rolle.

Impulskontrolle und Frustrationstoleranz ihrerseits können beeinträchtigt werden von Angst oder Depression, aber auch durch Stress und ein geringes Selbstwertgefühl.

### Jagdverhalten und Generalisierung

Zur Jagd gehören die Elemente *Orten-Fixieren-Anpirschen-Hetzen-Packen-Töten-Zerreißen.* Im Anschluss würde gefressen und verdaut, verbunden mit Schlafen. Das „Spiel" mit dem Ball beinhaltet vor allem die Sequenzen Fixieren-Hetzen-Packen, einzelne Hunde werden das mit der Sequenz Totschütteln noch komplettieren. Immer wieder sprechen wir davon, dass Jagen für den Hund selbstbelohnend ist. Das sollte es auch sein, denn die Motivation, das Dranbleiben, das Weiterversuchen ist evolutionär sinnvoll. Insbesondere das Hetzen erfordert einen hohen Energieeinsatz. Würde das Belohnungssystem nicht dafür sorgen, dass der Hund genügend Motivation aufbringt, diese Anstrengung zu unternehmen, würde er verhungern. Der Körper sorgt also dafür, dass alle Transmitter für eine akute Stresssituation zur Verfügung stehen, damit der Hund die Energieleistung erbringen kann und er sorgt dafür, dass sich das großartig anfühlt, damit er sie auch erbringen möchte. Bei einem ungeregelten „Ballspiel" lernt der Hund unter anderem, explosiv einem bewegten Reiz zu folgen. Ein natürliches Ende der jagdlichen Betätigung bleibt zudem aus. Ein Zerreißen, Fressen und Verdauen in Ruhe findet nicht statt. Dafür jedoch eine stete Wiederholung der genannten Sequenzen, einhergehend mit der vermehrten Ausschüttung der entsprechenden Neurotransmitter. Das kann bei hierfür rassenbedingt oder individuell prädestinierten Hunden dazu führen, dass die Reaktion auf Bewegungsreize generalisiert wird. Das bedeutet, dass der Hund dann zunehmend jedem sich bietenden Bewegungsreiz folgt, dem Ball spielender Kinder, einem Jogger oder Skater oder einem flüchtenden Wildtier.

## Zusammenhänge zwischen Sucht und Aggression

Heberer et al (2017, S. 47) formulieren deutlich: „Wer seinen Hund als „Spiel" oder „Beschäftigung" hauptsächlich darin trainiert, sich bewegenden Dingen kopflos hinterher zu stürzen und sie zu packen, der riskiert, dass der Hund nicht mehr in der Lage ist, zwischen jagdbaren und nicht jagdbaren Reizen zu unterscheiden."

Sie betonen dabei einen wichtigen Aspekt: Jagen ist nicht Teil des Sozialverhaltens. Es findet keine Kommunikation mit der Beute statt. Sie beschreiben das Jagen des Hundes als nichtaffektive Aggression. Aggression soll hier also keinen emotionalen Zustand des Hundes beschreiben, sondern bezieht sich auf die damit einhergehende Beschädigung des Gegenübers.

Um es deutlicher zu machen: Der Hund, der das Kaninchen jagt, hat weder Wut auf dieses Kaninchen noch sonst einen emotionalen Zustand, dessen Ausdruck in aggressives Verhalten münden könnte. Trotzdem ist, sofern die Jagd erfolgreich für den Hund verläuft, das Kaninchen am Ende tot. Die Verhaltenskette des Jagens könne man auslösen, indem man bestimmte Bereiche des dorsolateralen Hypothalamus künstlich stimuliert. Diese Verhaltenskette ist folglich fest integriert und läuft ohne Erfahrung, ohne Erinnerung und ohne emotionalen Gehalt ab. Sie ist daher auch kaum zu beeinflussen. Das macht Jagen effektiv und im falschen Kontext gefährlich (Heberer et al. 2017, S. 44). Die genannten Autor*innen beziehen sich in ihren Ausführungen auf Untersuchungen von gefährlichen Attacken von Hunden auf meist kleinere Artgenossen oder auch auf Menschen. In vielen Fällen läge der Auslöser im nichtaffektiven, jagdlichen Bereich. Trainiert der Mensch also einem Hund die süchtige Suche nach dem nächsten Bewegungsreiz an, so kann es bei zunehmender Unruhe und Ausweitung des Appetenzverhaltens zu einer im schlimmsten Fall fatalen Verschiebung des Beutespektrums kommen.

Ein süchtiger Hund ist zumeist erheblich auf das verwendete Objekt fixiert. Es ist möglich, dass sich dadurch possessives Verhalten entwickelt oder ausweitet. Der Hund beansprucht den Ball und möchte ihn nicht verlieren. Auch wegen ähnlicher bewegter Objekte kann es zu Auseinandersetzungen kommen, beispielsweise wenn er draußen einem anderen Hund dessen Wurfgegenstand streitig macht.

Wie dargelegt geht die Suchterkrankung mit einem erheblichen Erregungslevel einher. Der Hund ist hochgradig und dauerhaft gestresst. Unter diesen Umständen und in Verbindung mit der Gereiztheit und Frustration, die sich durch die adaptiven Veränderungen ergeben, kann der Hund, wie wir Menschen auch, deutlich dünnhäutiger reagieren. Die nicht mehr originär vorhandene Hemmung von Impulsen trägt hierzu noch bei.

Umgekehrt weisen Sulkama et.al. (2022) nach, dass vorhandene Aggressivität bei Hunden signifikant mit dem Auftreten repetitiven Verhaltens korreliert. Hunde mit höherer Aggressivität bilden demnach entsprechend häufiger repetitive Verhaltensweisen aus.

## Stress

Der gemeinsame Nenner oder auch die Schnittmenge aller genannten Störungsbilder ist die Bedeutung von Stress. Stress spielt sowohl bei der Entstehung, der Aufrechterhaltung und als Folge einer Suchterkrankung eine Rolle. Darüber hinaus ist er beteiligt an allen prädisponierenden Faktoren einer Suchtentwicklung, die wir beim Menschen kennen oder die, bezogen auf Hunde, mindestens anzunehmen sind.

Stress ist ein natürlicher Anpassungsprozess, der durch die Ausschüttung von Stresshormonen wie Adrenalin und Cortisol ausgelöst wird. Diese

Hormone bereiten den Körper auf „Kampf oder Flucht" und im Falle des „Balljunkies" auf das Hetzen vor, indem sie die Herzfrequenz erhöhen, den Blutdruck ansteigen lassen und die Muskeln anspannen. Wiederholtes Hetzen bedeutet folglich eine akute Überflutung mit den beteiligten Hormonen und deren Wirkungen. Durch die Suchterkrankung bedeutet jedoch das Einstellen des Hetzens keine Erholung von der Stressreaktion. Nun ist der Hund durch seine dopaminerge Mangelsituation dysphorisch und durch seine erlernte Aufmerksamkeit auf Hinweisreize allzeit bereit zu reagieren. Das erlebte Craving erzeugt Stress. Dieser langfristige Stress kann ebenfalls, wie die Suchterkrankung selbst, zu dauerhaften Veränderungen der beteiligten Hirnareale und damit zu einer Überaktivität führen. Dies wiederum generiert eine Vielzahl von gesundheitlichen Problemen, wie Herz-Kreislauf-Erkrankungen, Depressionen und Angststörungen.

## Komorbide Störungen und prädisponierende Faktoren

Suchterkrankungen beim Menschen gehen immer mit einer hohen Komorbidität mit anderen psychischen Erkrankungen einher. Angeführt wird dieser Kanon von affektiven Störungen, allen voran der Depression. Es folgen Angststörungen, Traumafolgestörungen und AD(H)S, auch Persönlichkeitsstörungen sind häufig.

Dies scheint auch bei Hunden der Fall zu sein. So verweisen Sulkama et al. (2022) darauf, dass sowohl bei Hunden als auch bei anderen Tieren eine Komorbidität zwischen repetitiven Verhaltensweisen und anderen Verhaltensproblemen festgestellt wurde. Auch stieg die Wahrscheinlichkeit repetitiven Verhaltens der untersuchten Hunde mit zunehmender Punktzahl der Werte für Hyperaktivität, Impulsivität und Unaufmerksamkeit. Alles Faktoren, die beispielsweise auch bei ADHS eine Rolle spielen. Die Ergebnisse der Arbeit von Sulkama et al. stimmen auch mit der aktuellen Literatur über Zwangsstörungen und Verhaltenskomorbiditäten beim Menschen überein. Hier zeigt sich beispielsweise eine hohe Komorbidität zwischen Zwangsstörungen und ADHS. Auch das Auftreten von Aggression ist sowohl bei zwanghaften als auch bei impulsiven Störungen üblich. Erklärbar wird dies unter anderem dadurch, dass diese Erkrankungen und Verhaltensstörungen von einer gestörten neuronalen Hemmungskontrolle und Defiziten in der Exekutivfunktion gekennzeichnet sind, genau wie die Suchterkrankung. Insgesamt sind diese Komorbiditäten vermutlich auf teilweise gemeinsame neurobiologische Regelkreise und Hirnstrukturen zurückzuführen.

Auch hier ist die Henne oder Ei-Frage nicht wesentlich, sondern ein Bewusstsein für eine Vielzahl komplexer Wechselwirkungen nötig.

In Kürze seien weitere Einflussfaktoren auf die Entwicklung einer Suchterkrankung sowie die benannten repetitiven Störungen und Komorbiditäten benannt. Bekannt sind epigenetische Einflüsse, also Veränderungen der Genexpression, die mehrere Generationen überdauern können. So führt Tiira (2019) an, dass mehrere Tier- und Humanstudien zeigen, dass negative Einflüsse wie Trauma, mütterliche Trennung, mütterlicher Stress als langfristige Veränderungen der Stressanfälligkeit auch nach mehreren Generationen nachweisbar sind.

Weiterer negativ wirkender Umweltfaktor bildet Deprivation, also ein frühes Aufwachsen in einer Umgebung ohne angemessene soziale, emotionale oder auch sensorische Stimulation. Bei Nagern konnte nachgewiesen werden, dass Deprivation zu einer Fehlfunktion der Gehirnschaltkreise führt.

Immer wieder werden auch Rasseunterschiede als Einflussfaktor genannt. Allerdings scheint diese Diskussion bei weitem noch nicht abgeschlossen. In der Arbeit von Sulkama et al. (2022) wurden fast 4500 finnische Haushunde auch auf Rasseunterschiede bezüglich des Auftretens von repetitiven Verhaltensweisen hin untersucht. Hier wurden 22 Rassen untersucht und eine weitere Gruppe vereinzelt vorkommender Rassen und

Mischlingshunde wurde ebenfalls als Gruppe in die Untersuchung eingeschlossen. Der Deutsche Schäferhund und der Staffordshire Bullterrier wiesen hier im Vergleich zu allen anderen Hunden eine signifikant höhere Wahrscheinlichkeit für repetitives Verhalten auf. Erhöhte entsprechende Wahrscheinlichkeiten zeigten auch Chinesische Schopfhunde, Pembroke Welsh Corgis und mittelgroße Spitze. Die Rasse mit der geringsten Wahrscheinlichkeit war in dieser Untersuchung der Kurzhaar-Collie. Schroll und Dehasse (2016) beschreiben den Hinweis auf genetische Faktoren beim Auftreten repetitiver Verhaltensweisen, indem sie ebenfalls den Deutschen Schäferhund und den Bullterrier nennen, jedoch ergänzt um Rottweiler, Dobermann, Border Collie und Jack Russell Terrier. Heberer et al. (2017) benennen, wenn es um das Risiko der Verschiebung des Beutespektrums geht, ebenfalls den Jack Russell Terrier, heben jedoch auch „... alle Packerrassen, wie zum Beispiel den Rottweiler ..." hervor. Die Bereitschaft, über die Reizgeneralisierung aggressiv zu entgleisen, beschreiben sie als genetisch vorgegebene „Schwachstelle" dieser Rassen (Heberer et al. 2017 S. 50).

Auch individuelle Faktoren, hier allen voran die Persönlichkeit des Hundes, haben Einfluss auf Resistenz beziehungsweise Risiko hinsichtlich einer Suchtentwicklung. Tiira (2019) weist darauf hin, dass eine ängstliche Hundepersönlichkeit zu weiteren Ängsten und stereotypem Verhalten prädisponieren kann. Weiter habe sich gezeigt, dass Impulsivität bei Hunden ein über die Zeit stabiles Merkmal sei und eine hohe Impulsivität Verhaltensprobleme beim Hund vorhersage. Zu ähnlichen Erkenntnissen kommen auch Sulkama et al. (2022) die zeigen, dass Impulsivität, aber auch Hyperaktivität, Unaufmerksamkeit und erhöhte Aggressivität positiv mit repetitiven Verhaltensweisen assoziiert sind. Tiira (2019) führt auch Studien an, die hohe Neurotizismuswerte beim Hund als Risikofaktor für psychische Erkrankungen bewerten.

Als weitere Einflussgrößen seien benannt das Alter, Hunde bis zum Alter von sieben Monaten entwickeln eher eine repetitive Erkrankung als ältere. Die Anzahl der Hunde im Haushalt wirkt sich ebenfalls aus. Einzelhunde sind danach eher betroffen als Hunde aus Mehrhundehaushalten. Auch die Haushaltsgröße der Bezugsperson spielt eine Rolle. Hier werden Hunde auffällig je größer der Familienhaushalt ist. Sterilisierte Hunde zeigen ebenfalls mehr repetitive Verhaltensweisen als unsterilisierte. Einen nachweisbaren Einfluss in der Arbeit von Sulkama et al (2022) hat auch die Hundeerfahrung der Bezugsperson. Hier erkranken Hunde von Ersthundehaltern häufiger als Hunde von erfahreneren Bezugspersonen. Der Beziehung zur Bezugsperson kommt auch bei Tiira (2019) große Bedeutung zu. Sie arbeitet auch das menschliche Bindungsmuster und die menschliche Persönlichkeit als Einflussfaktor heraus. Dabei geht sie davon aus, dass Hunde und ihre Bezugspersonen langfristig ein ähnliches Stressniveau haben.

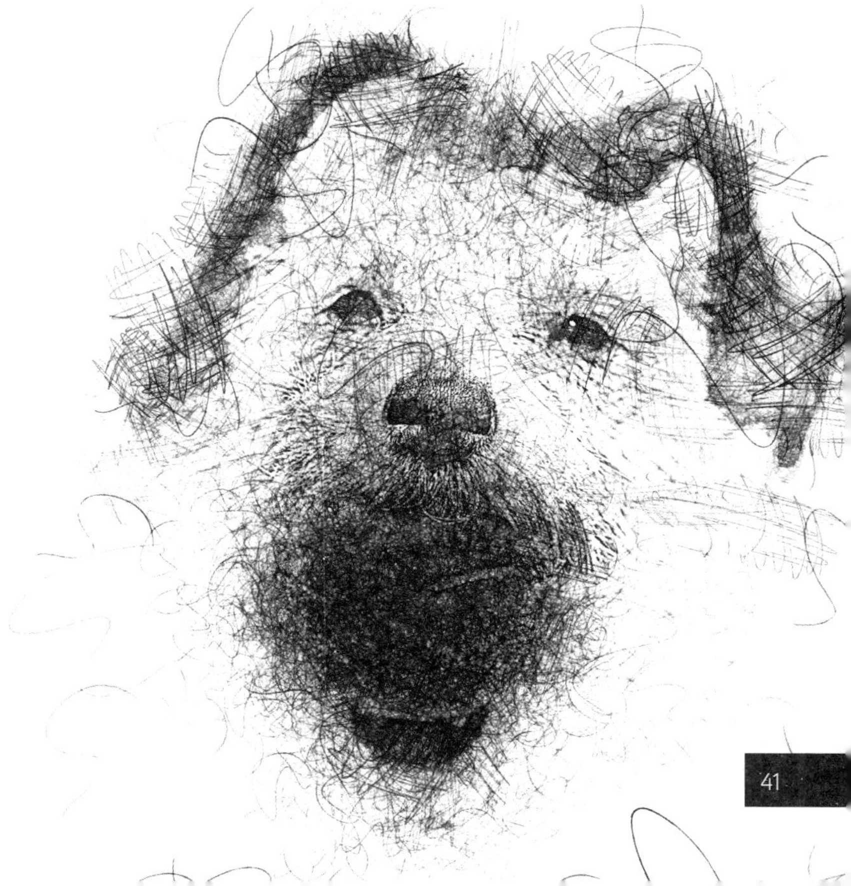

# Praktische Ansätze

Es drängen sich viele Fragen auf, wenn es darum geht, einem süchtigen Hund wieder zu mehr Lebensqualität zu verhelfen. Aus Sicht der Verfasserin verbieten sich an dieser Stelle vermeintlich allgemein gültige Handlungsanweisungen. Stattdessen gilt es, darüber nachzudenken, wo es sinnvolle Ansätze gibt, den Hund sowohl bei einer Verhaltensänderung als auch bei einer Veränderung seiner Befindlichkeit zu unterstützen.

## Diagnose

Es scheint unwahrscheinlich, dass eine Hundetrainerin, Hundeerziehungs- oder Hundeverhaltensberaterin den direkten Auftrag erhält, einen Hund einer Suchtbehandlung zu unterziehen. Viel wahrscheinlicher ist es, dass sie konsultiert wird, weil der Hund „plötzlich" Jogger jagt, Spielzeug verteidigt, das zur Familie gehörende Kind nicht mehr ungestört Bobbycar fahren lässt oder zunehmend unruhig und lautstark aufgeregt ist. Es obliegt also zunächst der Trainerin oder Beraterin, herauszufinden, welche Ursache das monierte Verhalten haben könnte und gegebenenfalls eine Suchterkrankung zu erkennen.

Klar ist, dass oben beispielhaft genannte Verhaltensweisen, die Anlass sein können, eine Hundeschule aufzusuchen, vielfältige Ursachen haben können. Hinreichend dargestellt wurde zudem, dass auch süchtiges Verhalten Teil einer komplexeren Störung sein kann. Es ist also unumgänglich, eine gründliche Anamnese vorzunehmen. Die um Rat ersuchte Hundeverhaltensberaterin wird, will sie eine Suchterkrankung nicht ausschließen, neben ihrer üblichen anamnestischen Routine besonders nach Hinweisen für mangelnde Impulskontrolle und mangelnde Frustrationstoleranz fahnden. Sie wird dem Erregungslevel, der körperlichen Spannung, der Ansprechbarkeit ihre Aufmerksamkeit widmen. Die Reaktionen des Hundes auf bewegte Reize sind abzufragen oder noch besser gemeinsam auf dem Platz sichtbar zu machen. Hilfreich wäre auch, die Halterin zu bitten, die übliche Form der Beschäftigung mit ihrem Hund auf dem Hundeplatz zu zeigen. Kommt hierbei ein Wurfgegenstand zum Einsatz, wäre es aufschlussreich, diesen einer dem Hund fremden Fachperson zu überlassen, welche sich dann von der Halterin entfernt. Diese Idee ist zwar naheliegend, jedoch birgt sie auch Risiken für die sich entfernende Person und womöglich große Irritation für den Hund. Schonender und ebenso ausdrucksstark ist es, die Halterin zu bitten, den Wurfgegenstand nach kurzer Sequenz in die Tasche zu stecken und das Verhalten des Hundes danach aufmerksam zu beobachten. Eine Videoaufnahme ist für die spätere gemeinsame Betrachtung sinnvoll. Wichtige Hinweise wären weiter gezeigtes abverlangendes und zudringliches Verhalten, Stereotypien, Schlafstörungen, Probleme sich zu konzentrieren, eventuelle Suche nach Ersatzobjekten, übermäßige und / oder gleichförmige Vokalisation.

## Förderung von Veränderungsmotivation bei der Bezugsperson

Ist eine Suchterkrankung offensichtlich oder wahrscheinlich, so geht es erst einmal darum, der Ratsuchenden die gewonnene Erkenntnis zu vermitteln. Dass das unerwünschte Verhalten mit dem Lieblings- und vielleicht auch von der Halterin liebgewonnenen „Spiel" zu tun haben könnte, birgt die Möglichkeit, zunächst einmal auf Widerstand zu stoßen. Eine Akzeptanz dieser Tatsache implizierte nämlich in der Folge für Halterin und Hund erhebliche und buchstäblich lebensverändernde Modifikationen des Umgangs und der Alltagsgestaltung. Wie bei menschlichen Betroffenen selbst gilt es also zunächst, die erforderliche Veränderungsbereitschaft und die dazu gehörende Veränderungsmotivation bei der Bezugsperson zu entwickeln.

Das, was bei Betroffenen als Teil der Behandlung Psychoedukation genannt wird, kann auch bezüglich der ratsuchenden Hundehalterin ein nützliches Vorgehen auf diesem Weg sein. Es gilt also einerseits, die Zusammenhänge von Verhaltensweisen, körperlichen Vorgängen und der Befindlichkeit des Hundes zu vermitteln. Zudem ist es unumgänglich, die Bezugsperson darin zu fördern, ihren Hund besser „lesen" zu lernen oder irrige Interpretationen („aber der Hund freut sich doch so!") einer realistischeren Sichtweise zuzuführen. Vereinfacht gilt es Stress, Übererregung, Frustration, fordernde Verhaltensweisen und Appetenzverhalten identifizieren zu lernen und in ihrer Bedeutung für die körperliche und psychische Gesundheit des Hundes einzuordnen. Hierbei leistet das während der Bestandsaufnahme aufgenommene Video gute Dienste. Stressanzeichen können am eigenen Hund gesehen werden. Die Halterin erhält die Möglichkeit, aus einer neuen Perspektive und ohne den Reaktionsdruck der Realsituation Mimik, Dynamik, Spannung, Haltung, Atmung und Verhaltenssequenzen in Ruhe und bei Bedarf wiederholt oder in Zeitlupe anzusehen. Selbst zu erkennen, dass das vermeintliche Lieblingsspiel bei der geliebten Fellnase mit Stress, Frustration oder Selbstgefährdung verbunden ist, kann die Motivation zur Verhaltensänderung der Halterin deutlich erhöhen.

Daneben ist es sinnvoll, sich einen möglichst umfassenden Überblick über weitere Stressoren, zum Beispiel Ängste, Schmerzen, Reizüberflutung im Alltag, familiäre Veränderungen und so weiter im Leben des Hundes zu verschaffen. Ist die Bezugsperson „im Boot", also bereit, entsprechende Interventionen umzusetzen, ist es an der Zeit, sie darauf vorzubereiten, dass der nächste Schritt für alle belastend sein wird. Er erfordert daher eine gute und zugewandte Begleitung.

## Entzug

Es wird unumgänglich sein, dem süchtigen Hund das oder die suchtbesetzten Objekte zu entziehen und alles zu unterlassen, was das automatisierte Verhalten auslösen könnte. Das bedeutet, dem Hund wird die nunmehr einzige Möglichkeit entzogen, sich eine Entlastung seines Zustandes durch süchtiges Ausagieren zu verschaffen. Wie bereits beschrieben gerät damit sein gesamter Organismus ins Ungleichgewicht. Der „Suchtdruck" steigt an, eventuell sichtbar an noch gesteigertem Appetenzverhalten. Seine psychische Verfassung kann sich in Depression, motorischer Unruhe, Gereiztheit bis hin zu aggressivem Verhalten, Ängstlichkeit, Schlafstörungen oder in einer beliebigen Kombination dieser Komponenten zum Ausdruck bringen. Auch bei Hunden ist nicht auszuschließen, dass das „süchtige Gehirn" zur Suchtverschiebung neigt. Das bedeutet, dass es dem Belohnungsgedächtnis grundsätzlich „egal" ist, über welches Objekt oder welche süchtige Verhaltensweise die Aktivierung, also die Ausschüttung der entsprechenden Neurotransmitter, erfolgt. Es ist also möglich, dass der Hund kompensatorisch andere süchtige oder suchtähnliche Verhaltensweisen, etwa Belecken des eigenen Körpers oder des Bodens, ausgeprägtere Reaktionen auf fliegende Insekten oder Lichtreflexe, entwickelt. Hier wäre entsprechende Aufmerksamkeit und durchdachtes Gegensteuern angezeigt.

Wie lange ein Entzug beim Hund, im Sinne einer Entgiftungsbehandlung beim Menschen, andauert, ist nicht bekannt. Im Substanzbereich und auch bei substanzungebundenen Süchten können sich Entzüge auf wenige Tage bis hin zu mehreren Monaten erstrecken, je nach Substanz und auch abhängig von individuellen Faktoren. Hilfreich kann in dieser Zeit, neben viel Ruhe und möglichst geringer Anforderung das Anbieten körperlicher Nähe sein, sofern es angenommen werden kann. Über ruhige und ausgedehnte Fellpflege oder Massagen kann versucht werden, dem Hund zur Entspannung zu verhelfen, sofern er körperliche Berührung genießen kann. Ausflüge nach draußen sollten ohne Zeitdruck, ruhig und maßvoll erfolgen. Der Hund ist in jedem Fall durch Leine oder Schleppleine gesichert, um Rückfällen vorzubeugen. Kausnacks oder Angebote zum Zerreißen wie FetzFilze (nicht in Ballform!) oder Kartonagen können zur Spannungsabfuhr beitragen. Schlafstörende Faktoren wie Fernsehgeflacker oder -geräusche, Musik, viele Gäste, sollten minimiert werden. Ablenkung kann, zumindest beim Menschen, sinnvoll sein, eventuell können dem Hund bereits jetzt kleine Denkaufgaben angeboten oder draußen neues Gelände ruhig erkundet werden. Die entsprechenden kleinen und maßvollen Aktivitäten mit vielfältigen haptischen, koordinativen und balancefordernden Erfahrungsmöglichkeiten zu versehen, beansprucht nicht nur die Aufmerksamkeit des Hundes und lenkt daher effektiv ab. Es verhilft ihm zumindest zeitweise auch zu einem anderen Körpergefühl und damit optional auch zu einer anderen psychischen Befindlichkeit.

Dies gemeinsam zu tun und diese Zeit auch für den (Wieder-) Aufbau eines durch Nähe und Zugehörigkeit getragenen Kontakts zu nutzen, scheint sinnvoll. Zu entscheiden, wann es Zeit ist in die nächste Phase überzugehen, das wäre im Humanbereich die Entwöhnungsbehandlung, bedarf der feinfühligen Beobachtung. Der Hund sollte sich etwas stabilisiert haben und sich ausgeglichener und ausgeruhter zeigen.

## Entwöhnung

### Beziehungsfördernde Beschäftigung

Es ist davon auszugehen, dass jede Form der Betätigung, die mit schnellen Bewegungen oder Bewegungsreizen einhergeht, geeignet sein wird, süchtiges Verhalten und / oder vermehrtes Craving hervorzurufen und damit einen Rückfall zu indizieren oder befördern.

Es geht also darum, neue beziehungsorientierte, kooperative Formen der Beschäftigung zu erschließen. Einerseits wird damit der Tatsache Rechnung getragen, dass sozialer Kontakt grundlegend zu den originären Verstärkern gehört, jedoch im Verlaufe der Suchtentwicklung an Relevanz verloren hat. Soziale Beziehungen wieder mit Bedeutung zu versehen, verhilft dem Hund künftig mehr und mehr auch, soziale Unterstützung im Bedarfsfall anzunehmen und nicht stressbedingt in automatisierte Verhaltensweisen zurückzufallen. Gemeinsame Beschäftigungen wie das sozial orientierte Fährtentraining oder ein feinfühlig angeleitetes und nicht von Leistungsdruck geprägtes Mantrailing, auch das gemeinsame Lösen von Aufgaben wie Schnitzeljagd oder Schnüffelkrimi bieten sich an. Die Auswahl der gemeinsamen Beschäftigung sollte sich dabei an den Talenten des Hundes und daran orientieren, was dem zugehörigen Menschen Spaß macht. Ziel ist es auch, gemeinsam Freude zu haben und sich im Einvernehmen miteinander zu erleben. Findet die gemeinsame Beschäftigung in der Natur statt, kann sie auf einfache Weise so gestaltet werden, dass sie zudem Koordination und Körpergefühl fördert. Die Sicherung des Hundes mit einer Schleppleine in natürlichem Gelände oder unterwegs ist geboten, um einem eventuellen Rückfall bei Wildbegegnungen oder Begegnungen mit Ball spielenden Kindern oder ähnlichen Reizen vorzubeugen.

Das Entwickeln entsprechender alternativer Beschäftigungsmöglichkeiten orientiert sich klar an dem, was dem Hund, aber auch der Bezugsperson Freude bereitet. Beziehungsförderung ist keine Einbahnstraße und gemeinsame Beschäftigung darf auch für die Bezugsperson keine Pflichtübung darstellen. Neugier, Spannung und Entspannung, lustvolles Tun, sich aufeinander abstimmen, ermöglichen beiden Beziehungspartnern Quality-Time und damit Stressbewältigung. Im Angebot der Beraterin sollten daher Überraschungsmomente und gemeinsame Erfolgserlebnisse integriert sein.

## Bewegung

Wie aus der Depressionsbehandlung bekannt gilt Bewegung, zusammen mit Licht, als eine der ersten Maßnahmen, um depressiven Stimmungslagen entgegenzusteuern. Das liegt darin begründet, dass Bewegung die Ausschüttung von Serotonin, Norephedrin und bestimmter Endorphine anregt. Tiira (2019) führt aus, dass bei Nagern körperliche Aktivität mit einer verbesserten Neuroplastizität und einer verbesserten Stressreaktion in Verbindung gebracht werde. Durch diese Verbesserung der Neuroplastizität kann körperliche Betätigung die Fähigkeit des Individuums zur Verhaltensanpassung fördern. Dabei kann Bewegung von kurzer und intensiver Qualität, also entsprechend der Bewegung beim Hetzen, Stress auslösen. Stetige, also länger andauernde und moderate Bewegung hingegen bewirkt die benannte vorteilhafte Stimulation. Serotonin spielt eine wichtige Rolle bei der Bewältigung von Stress und zur Kontrolle impulsiven Verhaltens (vgl. O´Heare J. 7. Aufl. 2021). Dem Hund könnte folglich regelmäßig, jedoch ruhig, die Möglichkeit zur Bewegung gegeben werden, um ihm dabei zu helfen, Spannungszustände schrittweise abzubauen und sich langsam durch die Anregung von Serotonin wieder wohler zu fühlen. Gemeinsame kleine Wanderungen, gerne auf unbekannten Wegen, gerne mit kleinen Exkursionen querfeldein im Wald, verbunden mit einer Schnüffelaufgabe sind gut geeignet. Vorhandenes Sonnenlicht regt dabei ebenfalls die Serotoninproduktion an. Ein achtsames Genießen von Umwelt und Zweisamkeit der Halterin steigert die wohltuende Wirkung. Handynutzung und Gruppenspaziergänge mit angeregten Plaudereien der Menschen sind hier nicht förderlich.

## Geistige Auslastung und Selbstwirksamkeitserfahrung

Neurobiologisch bedingt verursacht eine Suchterkrankung auch eine Einschränkung bezüglich des Erweiterns von Erfahrungen und des Lernens und damit auch der Persönlichkeitsentwicklung. In der humanen Suchttherapie zeigt sich daher regelmäßig, dass Persönlichkeitsentwicklung und damit auch soziale und gesellschaftliche Einmündung stocken, sobald ein Individuum eine Sucht entwickelt hat. Da der Konsumbeginn in der Regel zu einem Zeitpunkt erfolgt, an dem das jugendliche Gehirn noch nicht ausgereift ist, sind die Defizite oft schwerwiegend. Dass sich das bei Hunden vergleichbar verhalten kann, wird unterstellt. Im Humanbereich sprechen wir dann von der Notwendigkeit der Nachreifung. Vor diesem Hintergrund erscheint auch die Anregung des Lernens durch viele neue Erfahrungen bei betroffenen Hunden sinnhaft. Der süchtige Hund hat erheblich viele Erfahrungen verpasst. Womöglich ist bisher keine Interessensentwicklung erfolgt, das meint hier das Entdecken von eigenen Talenten und Vorlieben. Die süchtige Entwicklung hat zwangsläufig Selbstwirksamkeitserfahrungen außerhalb süchtiger Automatisierung auf ein Minimum reduziert. Das Selbstwertgefühl hat, zusätzlich belastet durch die psychische Entgleisung nach Entzug, unweigerlich gelitten.

Was also unterstützt das Gefühl der Selbstwirksamkeit und die Lust und Bereitschaft, Neues zu lernen? Ein Gefühl der Selbstwirksamkeit zu haben meint die innere Zuversicht neue, schwierige oder herausfordernde Situationen aus eigener Kraft bewältigen zu können. Wer sich seiner eigenen Gestaltungsmöglichkeiten bewusst ist, wer sicher ist, Einfluss auf Situationen nehmen zu können, kann oft auch die eigenen Gefühle besser regulieren und Handlungen besser steuern. Um Selbstwirksamkeit und Lernprozesse zu fördern, sollten Beschäftigungsangebote also Neues, angemessen Herausforderndes beinhalten. Hier gilt es, Aufgaben kreativ und spannend zu gestalten und möglichst viele Kanäle anzusprechen. Es darf geschaut, gerochen, balanciert, geklettert, gesucht, gezogen, gebuddelt, geplanscht, Hindernisse überwunden, Dinge weggezerrt und ausprobiert werden. Dabei sollte die Aufgabenstellung den Fähigkeiten des Hundes angemessen sein. Traut er sich noch nicht so viel zu, entwickeln wir die Aufgaben aus bereits Bekanntem in Verbindung mit etwas Neuem. Zeigt er sich eher stürmisch, kreieren wir die Aufgabe so, dass langsam und besonnen vorgegangen werden muss. Kann er sich nicht so lange konzentrieren, wird sie in kleinere Teilschritte zerlegt und es finden sich tolle

Dinge in kleineren Abschnitten. Zeigt er sich unsicher, darf er jederzeit die Unterstützung seiner Bezugsperson in Anspruch nehmen. Dies allerdings erst, wenn er diese auch durch entsprechenden Blick anfragt und nur so weit, dass er selbst wieder weitermachen kann.

Oft neigen Bezugspersonen dazu, zu schnell helfen zu wollen. Der Hund braucht jedoch die Zeit selbst auszuprobieren und eigene Entscheidungen zu treffen. Oft reicht die nahe Begleitung und Ermutigung durch die Halterin. Fehlt die zündende Idee zur Lösung der Aufgabe, darf die Halterin „vormachen", also selbst an einem Strick zupfen, den ersten Schritt auf einen merkwürdigen Untergrund tun oder den Kopf in einen dunklen Karton stecken und nach Verstecktem schnüffeln. Kennt der Hund die jagdersatzliche Beschäftigung mit einem Futterbeutel bereits, lassen sich hieraus unendliche Möglichkeiten der Suche kreieren.

Und Vorsicht! Eine durch die Halterin verabreichte vermeintliche Belohnung nach gelöster Aufgabe in Form eines Leckerlies ist weder nötig noch klug. Sie beeinträchtigt den Lernprozess, weg von der intrinsischen Motivation hin in Richtung Belohnungserwartung und vielleicht auch Richtung Abhängigkeit von der Anerkennung von außen. Ein gefundener Futterbeutel, der etwas Leckeres enthält, gerne für Hund (Kausnack) und die Bezugsperson (Gummibärchentütchen oder verpackter Keks) und ein gemeinsames genüssliches Verspeisen am Ende der Aktivität krönen und betonen den gemeinsamen Erfolg ohne unerwünschte Nebenwirkungen.

## Das neuronale Belohnungssystem und die sogenannte positive Verstärkung

In vielen Hundeschulen ist es üblich, sich bei der Erziehung und Ausbildung von Hunden sogenannter positiver Verstärker zu bedienen, um ein erwünschtes Verhalten zu belohnen und künftig häufiger und zuverlässig hervorzurufen. Die positive Verstärkung besteht dann in der Regel entweder aus zeitnah verabreichten Futterbröckchen oder auch aus der schnellen Zurverfügungstellung eines Spielzeugs mit kurzer Spielsequenz. Diese Vorgehensweise stammt aus dem Behaviorismus, wurde von Skinner entwickelt und heißt heute operante Konditionierung. Die operante Konditionierung beschreibt die Idee, dass Lebewesen Verhaltensweisen häufiger ausüben, wenn sie dafür belohnt werden oder seltener ausüben, wenn sie dafür bestraft werden.

Dass das funktioniert, ist unbestritten. Es stellt sich jedoch heraus, dass sich bei kontinuierlicher Verstärkung des erwünschten Verhaltens, also bei steter Gabe eines Leckerlis nach eingenommener erwünschter Position des Hundes, wie Sitz oder bei Fuß, die Erwartungshaltung des Hundes zunimmt, nicht jedoch die Qualität seiner Ausführung. Das erklärt sich ganz logisch aus der Funktion des Belohnungssystems im Gehirn, denn es schüttet den passenden Transmitter Dopamin nur dann aus, um ein Lernsignal zu setzen, wenn die Belohnung größer ist als erwartet. Entspricht die Belohnung der Erwartung des Hundes, entfällt das Lernsignal. Bleibt die erwartete Belohnung aus, fällt die Ausschüttung unter den Normwert zurück.

Um dieser nicht erwünschten Nebenwirkung beizukommen, gibt es zwei Möglichkeiten. Entweder muss die Belohnung immer größer werden, damit die Markierung des Lernsignals zur Wiederholung des erwünschten Verhaltens erfolgt, also mehr Dopamin ausgeschüttet wird. Dies entspräche einer Toleranzentwicklung beim Hund, die wie wir wissen, Teil der Suchtentwicklung ist. Darüber hinaus wäre das nicht realistisch. Um es überspitzt zu formulieren müssten quasi ganze Futtersäcke während des Trainings bereitstehen oder zunehmend mehr Zeit mit dem Spielzeug verbracht werden als mit dem Lernen.

Die zweite Möglichkeit wäre die häufig eingesetzte intermittierende Verstärkung. Intermittierend zu verstärken bedeutet, dass es nicht bei jedem erwünschten Verhalten ein Leckerli gibt, sondern, für den Hund wenig planbar, das erwünschte Verhalten nur unregelmäßig verstärkt wird. Die Forschung hat gezeigt, dass bei dieser Art der sogenannten positiven Verstärkung zwar etwas langsamer gelernt wird, das erlernte Verhalten jedoch stabiler, auch löschungsresistenter genannt, ausgeformt wird. Die Belohnung wird also mehrere Male vorenthalten, damit die passende Transmitterausschüttung bei dann erfolgender Belohnung wieder funktioniert.

Es darf hinterfragt werden, ob wir uns mit dieser Vorgehensweise noch im tatsächlichen und im skinnerschen Sinne im Bereich der positiven Verstärkung bewegen. Wir erwecken also durch die Belohnung zuerst einen unerwarteten glücklichen Moment und erzeugen damit ein neuronales Lernsignal. Im nächsten Moment erfolgt die Belohnung jedoch nicht, obwohl der Hund das gewünschte Verhalten zeigt. Ist das schon Wegnahme einer Verstärkung? Das wäre dann in der operanten Konditionierung eine negative Bestrafung. Dem Hund würde also etwas für ihn Angenehmes weggenommen oder vorenthalten. Im Falle der zur sogenannten positiven Verstärkung eingesetzten Spielsequenz wird das Spielzeug in jedem Fall wieder weggenommen und eingesteckt. Was bedeutet das? Welche Folgen hat das langfristig? Für das Lernverhalten des Hundes und für seine Beziehung zur Bezugsperson? Was wäre, wenn wir den Gedanken zuließen, dass wir uns suchterzeugende Handlungsweisen zunutze machen, um einen Hund zum erwünschten Verhalten zu bewegen, zum Beispiel bei der Ausbildung von Drogenspürhunden? Dann wäre der aufgedrehte, vermeintlich topmotivierte und angespannte Polizeihund nur verzweifelt damit beschäftigt, sein antrainiertes Lieblingsspielzeug wiederzubekommen, wie ein Abhängiger seinen Stoff? Und würde dafür jedes Verhalten ausführen?

Behaviorismus erklärt das Verhalten von Menschen und Tieren mit naturwissenschaftlichen Methoden. Dabei beschränkt sich die Forschung auf von außen beobachtbares Verhalten als Reaktion auf Reize. Es ist der Versuch, das Verhalten von Menschen und Tieren zu erklären. Ohne Introspektion und ohne Einfühlung.

Operantes Konditionieren wird heute bei der Hundeerziehung, in der Schule, der Jugendhilfe und in Unternehmen eingesetzt, um Lernen in die erwünschte Richtung und die Motivation zu erhöhen. Dies wird mit verschiedenen Arten von Bonisystemen umgesetzt.

Wo aber bleiben Einfühlung, Freude am Tun, intrinsische Motivation, soziale Einbindung, Zugehörigkeit, gemeinsames Erleben und Probieren? Wo bleibt die natürlichste aller Lernformen, das Lernen am Verhalten des erfahrenen und geliebten Sozialpartners? Das sich trauen, Neues auszuprobieren, weil der verlässliche Sozialpartner dabeibleibt und Sicherheit bietet? Es vormacht, sich mitfreut? Weil sich der Lerninhalt entlang der inneren Bedürfnisse orientiert und daher sinnhaft ist? Über oben angeregte Gedanken kann man sich sicherlich streiten. Darüber, dass soziales Lernen und Lernen am Vorbild bei vorhandener Zugehörigkeit und sicherer Beziehung einen gewaltigen Resilienzfaktor gegenüber einer Suchterkrankung darstellt, darüber nicht.

## Futter und Medikation

Nicht vorenthalten werden sollen Einwirkungsmöglichkeiten auf das Befinden des Hundes über eine bewusste Fütterung, Nahrungsergänzungen oder über pharmakologische Intervention. Diese sollen und werden hier nur sehr knapp und unvollständig angesprochen.

O´Heare (2021) führt hierzu aus, dass die Ernährung das Verhalten des Hundes beeinflussen kann und dass Futter minderer Qualität zu einer Mangelernährung des Hundes führen kann. Dass Füllstoffe aus Getreide, chemische Konservierungsmittel, Farbstoffe, Feuchthaltemittel und Zucker nichts in gutem Hundefutter verloren haben sollten, wird vorausgesetzt. Insbesondere sei in minderwertigem Futter häufig ein hoher Anteil Mais enthalten, was den Serotoninspiegel senkt. Mais enthält wenig Tryptophan, die Vorstufe von Serotonin, jedoch viel Tyrosin, eine Vorstufe eines Serotonin-Antagonisten. Serotonin wird als Schlüsselelement betrachtet, dessen Mangel zu Impulsivität, Aggression, unsozialem Verhalten, hyperaktiver Funktionsstörung, Angst und Lernschwierigkeiten führt (O´Heare 2021 S. 51). Ein Tyrosin-Überschuss ist daher zu vermeiden. Hochwertige Proteinquellen enthalten im Gegensatz zu kohlehydratreichen Nahrungsmitteln mehr Tryptophan als Tyrosin. Allerdings enthalten kohlehydratreiche Lebensmittel zwar insgesamt weniger Tryptophan, dessen Verhältnis zu Tyrosin ist hier jedoch günstiger. Kohlenhydratreiche Nahrungsmittel regen darüber hinaus die Insulinsekretion an. Das Insulin zieht alle mit Tryptophan konkurrierenden Aminosäuren von der Blut-Hirnschranke ab und generiert damit einen Vorteil zur Aufnahme von Tryptophan in das Gehirn. Die Empfehlungen gehen dahin, dem Hund zuerst eine Portion Proteine zu füttern und den kohlehydratreichen Futteranteil danach mit etwas zeitlicher Verzögerung zu geben, um den Vorteil des Tryptophans gegenüber den konkurrierenden Aminosäuren an der Blut-Hirn-Schranke zu sichern.

Wie O´Heare weist Tiira (2019) auf die Relevanz von Vitamin B6 hin, ergänzt um Vitamin C, da diese Vitamine zeigen konnten, dass sie sich reduzierend auf stereotype Verhaltensweisen beim Hund, im Falle der zugrundliegenden Studie auf Schwanzjagen, auswirkten. Tiira nimmt zudem weiter Bezug auf mögliche günstige Auswirkungen von Probiotika und auf eine insgesamt kalorienreduzierte Ernährung. Beides habe Hinweise geliefert, sich reduzierend auf Stressverhalten und depressive Symptomatik auszuwirken.

Insbesondere die Veterinärmedizin (Schroll, Enke 2016), aber auch O´Heare (2021) und Tiira (2019) beschäftigen sich mit pharmakotherapeutischen Ansätzen zur Behandlung von repetitivem Verhalten, Angst, Depression und stressinduzierten Störungen. Bei Hunden werden insbesondere Fluoxetin und Clomipramin zur Behandlung von repetitiven Verhaltensweisen eingesetzt. Diese Wirkstoffe werden üblicherweise bei der Behandlung von Zwangs- und Angststörungen beim Menschen verwendet. Clomipramin ist ein trizyklisches Antidepressivum, welches bei Hunden unter dem Handelsnamen Clomicalm® zur Behandlung von angstassoziierten Störungen, beispielsweise bei Trennungsangst, Anwendung findet. Amitriptylin, ebenfalls ein trizyklisches Antidepressivum wird unter dem Handelsnamen Elavil® gegen Angst, Unruhezustände und Aggression verwendet. Fluoxetin, auch Prozac®, wird als stärkeres und wirksames Mittel bei impulsiver und schwerer Aggression bei Hunden eingesetzt, aber auch bei zwanghaften Störungen und Unruhezuständen. Diese Liste ließe sich noch weit fortsetzen.

Sicher ist es grundsätzlich sinnvoll, seinen Hund hochwertig und frei von Zusatzstoffen und minderwertigen Bestandteilen zu füttern. Im Rahmen einer ausführlichen Ernährungsberatung mag auch die gezielte Supplementierung des Futters ein ergänzender Ansatzpunkt sein. Angesichts des oft hohen Leidensdrucks des Hundes, aber mitunter auch der Bezugsperson, kann auch eine Medikation des Hundes als maßnahmenkomplettierende Möglichkeit nicht per se außer Acht gelassen werden. Als isolierte Maßnahme, ohne nötige Verhaltensmodifikationen bei Bezugsperson und Hund zu induzieren, greift die Medikation aus Sicht der Verfasserin deutlich zu kurz. Sie entspräche dann und so schließt sich der Kreis, einer konsumbetonten Form der Problembewältigung.

## Und wie geht es weiter? Leben nach der Therapie

Wie beschrieben bilden sich durch die Suchtentwicklung veränderte Hirnstrukturen nicht vollständig wieder zurück. Daraus resultiert die Erkenntnis, dass sich auch lange Zeit später, und damit sind Jahre gemeint, das Suchtgedächtnis sehr leicht von „Standby" auf „On" schalten lässt, wenn denn genügend Stressoren oder der passende Reiz einwirken. Bei der Überwindung einer Suchterkrankung spielt der Faktor Zeit eine wichtige Rolle. Das bedeutet, dass ein Rückfall umso wahrscheinlicher vermieden werden kann, je länger die Zeit der Abstinenzerfahrung andauert. Ein von manchen vorgeschlagenes Gegenkonditionieren des Hundes, also die gezielte Exposition des Balles und der schnellen Bewegung, ist daher wenig zielführend. Auch beim Menschen wird dem Cannabisabhängigen nicht vorgeschlagen, sich mit den Kifferfreunden zusammenzusetzen und zu schauen, ob der Betroffene es aushält, in dieser Situation auf den Konsum zu verzichten. Genauso wenig werden wohlwollende Angehörige einem trockenen Alkoholiker bei einer Feier ein Glas Sekt reichen und neugierig verfolgen, wie er die Situation bewältigt oder ungehalten das Glas wegziehen, wenn er die Hand danach ausstreckt.

Ein Hund, der es gut machen will und nun wiederholt mit Auslösereizen konfrontiert wird, schafft es vielleicht, ein, zwei oder viele Male nicht durchzustarten. Craving, also das quälende Verlangen genau das zu tun, hat er trotzdem. Und das lange über die Trainingssituation hinaus. Sich über länger andauernde Zeit gegen Suchtdruck zu wehren, sich entgegen der neuronalen Autobahn im Kopf als Mensch für die Abstinenz und als Hund für das von der Bezugsperson offenbar erwünschte Verhalten zu entscheiden, setzt das Individuum unter hohen Stress. Stress erhöht die Rückfallgefahr. Diese Art der Intervention ist also nicht nur nicht nützlich, sie konterkariert die Bemühungen um Ausgeglichenheit und wachsende Steuerungsfähigkeit durch sinnhafte alternative Beschäftigung. Schlussendlich entspricht sie einer Dressur des Hundes. Verändern wird diese Intervention die neuronalen Bedingungen im süchtigen Hundehirn nicht, eine quälende Zumutung für den betroffenen Hund ist sie sicher.

Wie beim betroffenen Menschen, werden sich auch beim Hund im Alltag immer wieder Situationen ergeben, die geeignet sind, einen Rückfall auszulösen. Das passiert ganz ohne Provokation derselben. Es geht also auch beim Hund darum, schwierige Situationen so lange und so gut es eben geht zu vermeiden. Die Leine oder Schleppleine sichert dabei den unerwarteten Akutfall ab. Währenddessen sammelt der Hund vielfältige andere Erfahrungen, die sich, ganz ohne Belohnung, gut anfühlen und geeignet sind, sein Selbstwertgefühl und seine Steuerungsfähigkeit zu stärken. Ähnlich einer Wunde, die zunächst genäht und dick verbunden werden muss, wächst die Widerstandsfähigkeit nur langsam und selbst im ausgeheilten Zustand ist das Narbengewebe nicht so stabil wie die ursprüngliche Haut.

Beim Menschen können Rückfälle auch ganz ohne Präsentation eines einschlägigen oder mit dem süchtigen Verhalten assoziierten Reizes ausgelöst werden. Es gibt keinen Grund anzunehmen, dass sich das beim Hund anders verhält. Stress jeder Art befördert einen Rückfall ebenso wie suchtverbundene Reize. Der betroffene Mensch wird sich daher während seiner Behandlung auch mit individuellen Stressoren beschäftigen und seine Möglichkeiten zu erweitern suchen, sich zu entspannen und Beschäftigungen zu entdecken, die ihm guttun. Ebensolche Aufmerksamkeit bezüglich einwirkender Stressoren auf den Hund ist von der Bezugsperson gefordert. Auch langfristig ist auf ausreichend Schlaf, Möglichkeiten zur Spannungsabfuhr und die Vermeidung unnötigen Stresses zu achten. Dies gilt insbesondere, wenn sich die Lebensumstände durch Umzug, Veränderung der familiären Situation, Hinzukommen eines Babys oder neuen Partners oder Verlust eines Familienmitglieds durch Auszug und ähnliches ändern. Handwerker im Haus und Baustellenlärm davor können auch dem Hund im buchstäblichen Sinne auf die Nerven gehen.

Gehen wir davon aus, dass die durch Suchterkrankung veränderten neuronalen Verbindungen nicht auflösbar sind wird deutlich, dass ein Schutz vor Rückfall nur mit einer „Ummantelung" vieler korrigierender, im Sinne von alternativer, Erfahrungen möglich ist.

Für künftige Beschäftigungen bedeutet dies also weiterhin: Ungeregelte und planlose Aktionen sind zu vermeiden. Ebenso sind Aktivitäten, bei denen es um Tempo und Leistung geht, nicht förderlich. Selbstbeschäftigungen wie Futtermattenlecken ohne sozialen Bezug sind nicht indiziert. Auch mit strukturiertem und geregeltem Hetzen, zum Beispiel über die durch versierte Hand geführte Hetzangel, ist Zurückhaltung geboten. Also keine Übungen zur Impulskontrolle? Jein. Um dem Balljunkie die Kontrolle seiner Impulse zu ermöglichen und diese Fähigkeit langsam zu erweitern, müssen wir in diesem Fall „über Bande spielen". Nicht die explizite Impulskontrollübung führt hier zum Ziel, sondern das Wohlgefühl des Hundes über soziale Beziehungen und befriedigende gemeinsame Aktivitäten. Dann erlangen wir die für die Kontrolle von Impulsen notwendige Ausschüttung von Serotonin und die Ausschüttung von Oxytocin, dem Bindungs- oder Kuschelhormon. Oxytocin ist der Gegenspieler der Stresshormone und damit die Allzweckwaffe gegen Stressoren aller Art.

Beschäftigungen sollten aus Hundesicht sinnhaft und befriedigend sein. Sinnhaft aus Hundesicht ist etwas, das evolutionär das Überleben sicherte. Natürlich darf der jagdlich ambitionierte Hund jagen und auch

Jagderfolg haben, jedoch gestaltet als jagdersatzliche kooperative Beschäftigung, gemeinsam und in Abstimmung mit seiner Bezugsperson. Aufspüren, Trailen, Fährten, Anschleichen, Ausbuddeln oder Auspacken, mit dem Strick vom Baum pflücken oder unter Hindernissen hindurchziehen, aus dem Wasser holen oder vom Trampolin, Einfallsreichtum bei Hund und Mensch ist gefragt. Gut geeignet sind sämtliche Betätigungen, bei denen Nase und Konzentration gefordert sind. Gilt es hierbei noch Hindernisse, unebene Untergründe und kniffelige Richtungsentscheidungen zu überwinden, um so besser. Das hilft sich zu spüren und sich der eigenen Fertigkeiten bewusst zu werden. Am Ende wird gemeinsam Beute gemacht und in Ruhe genossen.

Die Fähigkeiten seiner Nase gehören zu den größten Talenten jedes Hundes. „Immer der Nase nach" mag also ein wichtiger Hinweis bei der Auswahl von Beschäftigungen sein. Denn: Sucht kommt nicht von Suchen![5]

## Nachtrag

Die Frage, ob Suchterkrankungen bei Hunden überhaupt möglich sind, war zunächst einfach und eindeutig zu klären. Allerdings bezogen sich die erheblichen Mengen an Studien immer auf substanzinduzierte Süchte. Es folgte eine Annäherung an einen etwas weiteren, substanzungebundene Süchte einbindenden Suchtbegriff, analog zu den anhaltenden Diskussionen um eine passende Klassifikation in der Humanmedizin. Es zeigte sich, dass in der veterinärmedizinischen Verhaltensmedizin Suchterkrankungen bisher nicht existent sind. Suchtnahe Verhaltensweisen bei Hunden werden daher als heterogene Zusammenfassung repetitiver Verhaltensweisen gelistet. Entsprechend gibt es auch keine fundierte Auseinandersetzung mit möglichen therapeutischen Maßnahmen. Praktische Ansätze zur Arbeit mit betroffenen Hunden und ihren Bezugspersonen mussten

5 Etymologisch betrachtet kommt das Wort Sucht tatsächlich nicht etwa von suchen, sondern von siechen und bedeutete krank sein. Dass Sucht nicht von suchen kommt, hat aber im Kontext dieser Arbeit noch eine zweite Bedeutung: Wie sich herausgestellt hat, hat die Art der Beschäftigung mit dem Hund entscheidenden Einfluss auf seine psychische Entwicklung.

daher aus fragmentierten Studiengrundlagen angrenzender Themengebiete und aus den Erfahrungen der humanen Suchtmedizin extrahiert werden. Eindeutig formuliert werden muss, dass nach wie vor Belege einer substanzungebundenen Suchtform beim Hund fehlen und mögliche Behandlungsansätze lediglich gedanklichen Modellen entspringen. Sie bilden also nicht mehr und nicht weniger Interventionsansätze, die wirksam sein könnten und böten im Beratungsalltag, mangels planvoller alternativer Beratungs- und Trainingsansätze, die Möglichkeit, dem Phänomen des „Bällchenjunkies" und weiterer suchtnaher Verhaltensweisen zu begegnen.

Interessant ist, dass der veterinärmedizinische blinde Fleck gegenüber einer möglichen Suchterkrankung bei Hunden in auffälligem Widerspruch zur Häufigkeit der semifachöffentlichen Diskussion des „süchtigen „Bällchenjunkies" steht. Wie in vielen anderen Bereichen auch wirken Veterinärmedizin und Hundeverhaltensberatung weitgehend unverbunden. Besonders mit Blick auf psychisch auffällige oder anderweitig gesundheitlich beeinträchtigte Hunde, wie sie vielfach in der Hundeerziehungs- und Verhaltensberatung in Erscheinung treten, ist dies ein bedauerlicher Zustand.

Ermutigend und beeindruckend ist, wie bedeutsam der Einfluss der Bezugsperson auf Resilienz und Wohlergehen ihres Hundes ist. So wie sie ungewollt einer Abhängigkeit des Hundes Vorschub leistet, so kann sie ihm auch aus einer Sucht heraushelfen und ihn darin unterstützen, sich besser zu spüren, sich selbstwirksamer zu erleben und seine Emotionen besser steuern zu können. Großartig wäre es, wenn die ein oder andere Leserin den Versuch wagte, ihre eigenen Überzeugungen bezüglich der Beschäftigung, Erziehung und Ausbildung von Hunden einer aufrichtigen Inventur zu unterziehen. Der Zusammenhang zwischen Belohnung und Belohnungssystem ist unabweisbar. Eine Sensibilisierung für diesen Zusammenhang würde unser Verständnis von Ausbildung und Lernen bei Hunden verändern.

# Empfehlungen für Wissenshungrige

**Stress beim Hund**
Manuela Selbach
https://www.nickhundstern.de

**Sozial orientiertes Fährtentraining SoFT®**
Kerstin Raupach
https://www.spur-werk.de

**Psychische Erkrankungen beim Hund**
Dr. Sandra Foltin: Black Dog. Depressionen und andere psychische Erkrankungen beim Hund, Kynos Verlag 2023

**Futterbeuteljagd**
Jan Nijboer
https://www.natural-dogmanship.de

**Psychomotorik des Hundes**
Karin Jansen: Was Hunde bewegt. Zusammenhänge zwischen Motorik, Psyche und Verhalten, Kynos Verlag 2024

**Nature Based Mantrailing**
Sabine Krause-Ernst
https://www.nature-based-mantrailing.com

# Über die Autorin

Barbara Wahlig war ein klassisches Pferdemädchen. Schon als Teenager in den frühen 80ern half sie bei der Entwicklung der Hippotherapie in ihrem Heimatstall in Südhessen. Nach einer ersten Berufsausbildung als staatlich anerkannte Erzieherin ließ sie die Idee, die wohltuende Wirkung von Tieren auf Menschen in ihre Arbeit einzubinden, nicht mehr los. Neben ihrer Leitungstätigkeit als Erzieherin arbeitete sie eine Zeitlang als freie Journalistin. Nach der Geburt ihrer Tochter entschied sie sich für das Studium zur Sozialarbeiterin. Seither arbeitete sie mit vielen Zielgruppen und Settings mit anspruchsvollem menschlichem Klientel. Dabei qualifizierte sie sich stets weiter, unter anderem zur Suchttherapeutin. Seit 2005 in der stationären Drogentherapie, setzte sie 2008 erstmals ihren Hund Basso, einen großen Mischling, in der Therapie ein. Seit 2015 arbeitet Barbara Wahlig mit chronifiziert psychisch kranken Menschen und parallel als betriebliche Sozialberaterin freiberuflich in großen Unternehmen. Hierbei wird sie inzwischen von ihrem Therapiebegleithund Andor unterstützt. Seit langem engagiert sie sich für den Freiburger Verein Hunde begleiten Leben, Tiergestützte Interventionen Freiburg e.V. und bildet dort als Fachkraft für tiergestützte Interventionen mit ihren Kolleginnen zertifizierte Therapiebegleithunde-Teams aus. Auch kynologisch hat sie sich stets weiterqualifiziert und berät als Hundeverhaltensberaterin vorwiegend Fachkräfte aus dem sozialen Bereich mit ihren Hunden.

Barbara Wahlig sagt von sich, ihr Gehirn funktioniere wie eine Popcorn-Maschine. Es spucke unaufhörlich neue Interessen und Projektideen aus. Eine davon liegt nun in Buchform vor.

# Literaturverzeichnis

Brucks, D., Marshall-Pescini, S., Wallis, LJ., Huber, L., Range, F. (2017). Measures of Dogs'Inhibitory Control Abilities Do not Correlate across Tasks. *Frontiers in Psychology* 8. 849. Verfügbar unter doi: 10.3389/fpsyg.2017.00849

Deutsche-hauptstelle-gegen-die-suchtgefahren. (1985). *Süchtiges Verhalten. Grenzen und Grauzonen im Alltag.* Hoheneck.

Dilling, H., Freyberger, H. (2013). *Taschenführer zur ICD-10-Klassifikation psychischer Störungen* 6. überarbeitete Aufl. Bern: Verlag Hans Huber

Field, M. Kersbergen, I., (2019) Are animal models of addiction useful? Addiction, 115. 1. 6-12. Verfügbar unter https://doi.org/10.1111/add.14764

Gerber, M. (2012). Kognition-Stress-Selbstkontrollfähigkeit: Schlafstörungen durch Stress. *Psychiatrie & Neurologie* 4/2012. https://edoc.unibas.ch/37587/1/schlafstoerungen.neu.pdf

Grant, Jon E., Brewer, Judson A., Potenza, Marc N.,(2007). The Neurobiology of substance and behavioral addictions. *CNS Spectrums*, 11, 12, 924-930. Verfügbar unter https://www.researchgate.net/publication/6653491

Heberer, U., Brede, N., Mrozinski, N. (2017). *Aggressionsverhalten beim Hund.* Stuttgart: Franckh-Kosmos Verlags-GmbH & Co. KG

Mehl, R. (2021). *Die Psyche des Hundes. Wie Prozesse im Gehirn das Verhalten steuern.* Stuttgart: Franckh-Kosmos Verlags-GmbH & Co. KG

O´Heare J. (2021). *Die Neuropsychologie des Hundes.* Bernau: Animal Learn Verlag

Olds J., Milner P. (1954). Positive reinforcement produced by electrical stimulation of septal area and other regions of rat brain. *Journal of Comparative and Physiological Psychology*, 47 (6), 419-427

Reichl, D., Bonn, E., Enewoldsen, N., Schwenzner, S., & Steins-Loeber, S. (2021). Impulsivität und assoziierte Konstrukte bei drogenabhängigen Patienten. *Sucht*, 67(3), S. 151-159

Röhrs, K., Schöning, B., (2013). Von den Anfängen der Tierverhaltenstherapie bis heute. Evidenzbasierte Verhaltensmedizin versus Empirie. *Kleintierpraxis* 58, 65-77 Verfügbar unter DOI: 10.2377/0023-2076-58-65

Scholl, S., Dehasse, J. (2016). *Verhaltensmedizin beim Hund. Leitsymptome, Diagnostik, Therapie und Prävention.* Stuttgart: Enke Verlag

Schultz, W., (1998). Predictive Reward Signal of Dopamine Neurons. *Journal of Neurophysiology*, 80.1:1-27. Verfügbar unter doi: 10.1152/jn.1998.80.1.1.

Spanagel, R. (2017). Mechanismen der Suchtentwicklung. *Drug Research* 67, S 01,17 Verfügbar unter DOI: 10.1055/s-0043-116532

Sulkama, S., Salonen, M., Mikkola, S., Hakanen, M., Puuurunen, J., Araujo, C., Lohi, H. (2022). Aggressiveness, ADHDlike behaviour, and environment infuence repetitive behaviour in dogs. *Sci Rep*. 2022 Mar 24;12(1):3520. doi: 10.1038/s41598-022-07443-6.

Tiira, K. (2019). Resilience In Dogs? Lessons From Other Species. *Vet Med* (Auckl). 2019 Nov 15;10:159-168. doi: 10.2147/VMRR.S189566.

Unbehaun, T., Jähne, A., Riemann, D. (2013). Der Zusammenhang zwischen Sucht und Schlaf: Grundlagen der Schlafregulation. *Sucht*, 59, 1-7. doi.org/10.1024/0939-5911.a000226

Volkow, N. D., Fowler, J.S., Wang, G.J., Baler, R., Telang, F. (2008). Imaging dopamine's role in drug abuse and addiction. *Neuropharmacology*, 56 Suppl 1(Suppl 1):3-8. Verfügbar unter doi: 10.1016/j.neuropharm.2008.05.022. Epub 2008

Woods, James H., Winger, Gail D.(1974). Alcoholism and Animals. *Preventive Medicine*, 3, 1, 49-60. Verfügbar unter https://doi.org/10.1016/0091-7435(74)90062-0

Yalachkov, Y., Kaiser, J., Roeper, J., Naumer, M. J. (2012). Neurobiologische und kognitive Grundlagen der Sucht. *Zeitschrift für Psychiatrie, Psychologie und Psychotherapie*, 60, 3, 1-8.

Young-Wilson, S. (2006). Animal Experiments in Addiction Science. To learn how drugs promote abuse and produce addiction, researchers focus on animal behaviors that parallel human drug-related behaviors. Verfügbar unter https://archives.drugabuse.gov/news-events/nida-notes/2006/04/animal-experiments-in-addiction-science